사고력도 탄탄! 창의력도 탄탄!
수학 일등의 지름길 「기탄사고력수학」

♔ 단계별·능력별 프로그램식 학습지입니다

유아부터 초등학교 6학년까지 각 단계별로 4~6권씩 총 52권으로 구성되었으며, 처음 시작할 때 나이와 학년에 관계없이 능력별 수준에 맞추어 학습하는 프로그램식 학습지입니다.

♔ 사고력·창의력을 키워 주는 수학 학습지입니다

다양한 사고 단계를 거쳐 문제 해결력을 높여 주며, 개념과 원리를 이해하도록 하여 수학적 사고력을 키워 줍니다. 또 수학적 사고를 바탕으로 스스로 생각하고 깨닫는 창의력을 키워 줍니다.

♔ 유아 과정은 물론 초등학교 수학의 전 영역을 골고루 학습합니다

운필력, 공간 지각력, 수 개념 등 유아 과정부터 시작하여, 초등학교 과정인 수와 연산, 도형 등 수학의 전 영역을 골고루 다루어, 자녀들의 수학적 사고의 폭을 넓히는 데 큰 도움을 줍니다.

♔ 학습 지도 가이드와 다양한 학습 성취도 평가 자료를 수록했습니다

매주, 매달, 매 단계마다 학습 목표에 따른 지도 내용과 지도 요점, 완벽한 해설을 제공하여 학부모님께서 쉽게 지도하실 수 있습니다. 창의력 문제와 수학 경시 대회 예상 문제를 단계별로 수록, 수학 실력을 완성시켜 줍니다.

♔ 과학적 학습 분량으로 공부하는 습관이 몸에 배입니다

하루 10~20분 정도의 과학적 학습량으로 공부에 싫증을 느끼지 않게 하고, 학습에 자신감을 가지도록 하였습니다. 매일 일정 시간 꾸준하게 공부하도록 하면, 시키지 않아도 공부하는 습관이 몸에 배게 됩니다.

「기탄사고력수학」은
체계적이고 장기적인 프로그램으로
꾸준히 학습하면 반드시 성적으로 보답합니다

✿ 스몰 스텝(Small Step)방식으로 꾸준히 학습하면 성적이 올라갑니다

「기탄사고력수학」은 단순히 문제만 나열한 문제집이 아닙니다. 체계적이고 장기적인 학습프로그램을 통해 수학적 사고력과 창의력을 완성시켜 주는 스몰 스텝(Small Step)방식으로 꾸준히 학습하면 반드시 성적이 올라갑니다.

✿ 하루 3장, 10~20분씩 규칙적으로 학습하게 하세요

매일 일정 시간에 일정한 학습량을 꾸준히 재미있게 해야만 학습효과를 높일 수 있습니다. 주별로 분철하기 쉽게 제본되어 있으니, 교재를 구입하시면 먼저 분철하여 일주일 학습 분량만 자녀들에게 나누어 주세요. 그래야만 아이들이 학습 성취감과 자신감을 가질 수 있습니다.

✿ 자녀들의 수준에 알맞은 교재를 선택하세요

〈기탄사고력수학〉은 유아에서 초등학교 6학년까지, 나이와 학년에 관계없이 학습 난이도별로 자신의 능력에 맞는 단계를 선택하여 시작하는 능력별 교재입니다. 그러나 자녀의 수준보다 1~2단계 낮춘 교재부터 시작하면 학습에 더욱 자신감을 갖게 되어 효과적입니다.

교재 구분	교재 구성	대 상
A단계 교재	1, 2, 3, 4집	4세 ~ 5세 아동
B단계 교재	1, 2, 3, 4집	5세 ~ 6세 아동
C단계 교재	1, 2, 3, 4집	6세 ~ 7세 아동
D단계 교재	1, 2, 3, 4집	7세 ~ 초등학교 1학년
E단계 교재	1, 2, 3, 4, 5, 6집	초등학교 1학년
F단계 교재	1, 2, 3, 4, 5, 6집	초등학교 2학년
G단계 교재	1, 2, 3, 4, 5, 6집	초등학교 3학년
H단계 교재	1, 2, 3, 4, 5, 6집	초등학교 4학년
I단계 교재	1, 2, 3, 4, 5, 6집	초등학교 5학년
J단계 교재	1, 2, 3, 4, 5, 6집	초등학교 6학년

「기탄사고력수학」으로
수학 성적 올리는 일등비법을 공개합니다

※ 문제를 먼저 풀어 주지 마세요

기탄사고력수학은 직관(전체 감지)을 논리(이론과 구체 연결)로 발전시켜 답을 구하도록 구성되었습니다. 쉽게 문제를 풀지 못하더라도 노력하는 과정에서 더 많은 것을 얻을 수 있으니, 약간의 힌트 외에는 자녀가 스스로 끝까지 문제를 풀어 나갈 수 있도록 격려해 주세요.

※ 교재는 이렇게 활용하세요

먼저 자녀들의 능력에 맞는 교재를 선택하세요. 그리고 일주일 분량씩 분철하여 매일 3장씩 풀 수 있도록 해 주세요. 한꺼번에 많은 양의 교재를 주시면 어린이가 부담을 느껴서 학습을 미루거나 포기하기 쉽습니다. 적당한 양을 매일매일 학습하도록 하여 수학 공부하는 재미를 느낄 수 있도록 해 주세요.

※ 교재 학습 과정을 꼭 지켜 주세요

한 주 학습이 끝날 때마다 창의력 문제와 경시 대회 예상 문제를 꼭 풀고 넘어가도록 해 주시고, 한 권(한 달 과정)이 끝나면 성취도 테스트와 종료 테스트를 통해 스스로 실력을 가늠해 볼 수 있도록 도와 주세요. 문제를 다 풀면 반드시 해답지를 이용하여 정확하게 채점해 주시고, 틀린 문제를 체크해 놓았다가 다음에는 확실히 풀 수 있도록 지도해 주세요.

※ 자녀의 학습 관리를 게을리 하지 마세요

수학적 사고는 하루 아침에 생겨나는 것이 아닙니다. 날마다 꾸준히 규칙적으로 학습해 나갈 때에만 비로소 수학적 사고의 기틀이 마련되는 것입니다. 교육은 사랑입니다. 자녀가 학습한 부분을 어머니께서 꼭 확인하시면서 사랑으로 돌봐 주세요. 부모님의 관심 속에서 자란 아이들만이 성적 향상은 물론 이 사회에서 꼭 필요한 인격체로 성장해 나갈 수 있다는 것도 잊지 마세요.

기탄교력수학 교재별 학습 내용

A 단계 교재

A - ❶ 교재

나와 가족에 대하여 알기
바른 행동 알기
다양한 선 그리기
다양한 사물 색칠하기
○△□ 알기
똑같은 것 찾기
빠진 것 찾기
종류가 같은 것과 다른 것 찾기
관찰력, 논리력, 사고력 키우기

A - ❷ 교재

필요한 물건 찾기
관계 있는 것 찾기
다양한 기준에 따라 분류하기
(종류, 용도, 모양, 색깔, 재질, 계절, 성질 등)
두 가지 기준에 따라 분류하기
다섯까지 세기
변별력 키우기
미로 통과하기

A - ❸ 교재

다양한 기준으로 비교하기
(길이, 높이, 양, 무게, 크기, 두께, 넓이, 속도, 깊이 등)
시간의 순서 비교하기
반대 개념 알기
3까지의 숫자 배우기
그림 퍼즐 맞추기
미로 통과하기

A - ❹ 교재

최상급 개념 알기
다양한 기준으로 순서 짓기 (크기, 시간, 길이, 두께 등)
네 가지 이상 비교하기
이중 서열 알기
ABAB, ABCABC의 규칙성 알기
다양한 규칙 이해하기
부분과 전체 알기
5까지의 숫자 배우기
일대일 대응, 일대다 대응 알기
미로 통과하기

B 단계 교재

B - ❶ 교재

열까지 세기
9까지의 숫자 배우기
사물의 기본 모양 알기
모양 구성하기
모양 나누기와 합치기
같은 모양, 짝이 되는 모양 찾기
위치 개념 알기 (위, 아래, 앞, 뒤)
위치 파악하기

B - ❷ 교재

9까지의 수량, 수 단어, 숫자 연결하기
구체물을 이용한 수 익히기
반구체물을 이용한 수 익히기
위치 개념 알기 (안, 밖, 왼쪽, 가운데, 오른쪽)
다양한 위치 개념 알기
시간 개념 알기 (낮, 밤)
구체물을 이용한 수와 양의 개념 알기
(같다, 많다, 적다)

B - ❸ 교재

순서대로 숫자 쓰기
거꾸로 숫자 쓰기
1 큰 수와 2 큰 수 알기
1 작은 수와 2 작은 수 알기
반구체물을 이용한 수와 양의 개념 알기
보존 개념 익히기
여러 가지 단위 배우기

B - ❹ 교재

순서수 알기
사물의 입체 모양 알기
입체 모양 나누기
두 수의 크기 비교하기
여러 수의 크기 비교하기
0의 개념 알기
0부터 9까지의 수 익히기

C 단계 교재

C - ❶ 교재	C - ❷ 교재
구체물을 통한 수 가르기 반구체물을 통한 수 가르기 숫자를 도입한 수 가르기 구체물을 통한 수 모으기 반구체물을 통한 수 모으기 숫자를 도입한 수 모으기	수 가르기와 모으기 여러 가지 방법으로 수 가르기 수 모으고 다시 수 가르기 수 가르고 다시 수 모으기 더해 보기 세로로 더해 보기 빼 보기 세로로 빼 보기 더해 보기와 빼 보기 바꾸어서 셈하기

C - ❸ 교재	C - ❹ 교재
길이 측정하기　　높이 측정하기 넓이 측정하기　　크기 측정하기 둘레 측정하기　　무게 측정하기 부피 측정하기　　들이 측정하기 활동 시간 알아보기　시간의 순서 알아보기 여러 가지 측정하기	열 개 열 개 만들어 보기 열 개 묶어 보기 자리 알아보기 수 '10' 알아보기 10의 크기 알아보기 더하여 10이 되는 수 알아보기 열다섯까지 세어 보기 스물까지 세어 보기

D 단계 교재

D - ❶ 교재	D - ❷ 교재
수 11~20 알기 11~20까지의 수 알기 30까지의 수 알아보기 자릿값을 이용하여 30까지의 수 나타내기 40까지의 수 알아보기 자릿값을 이용하여 40까지의 수 나타내기 자릿값을 이용하여 50까지의 수 나타내기 50까지의 수 알아보기	상자 모양, 공 모양, 둥근기둥 모양 알아보기 공간 위치 알아보기 입체도형으로 모양 만들기 여러 방향에서 본 모습 관찰하기 평면도형 알아보기 선대칭 모양 알아보기 모양 만들기와 탱그램

D - ❸ 교재	D - ❹ 교재
덧셈 이해하기 10이 되는 더하기 여러 가지로 더해 보기 덧셈 익히기 뺄셈 이해하기 10에서 빼기 여러 가지로 빼 보기 뺄셈 익히기	조사하여 기록하기 그래프의 이해 그래프의 활용 분수의 이해 시간 느끼기 사건의 순서 알기 소요 시간 알아보기 달력 보기 시계 보기 활동한 시간 알기

기탄교력수학 교재별 학습 내용

E 단계 교재

E - ❶ 교재	E - ❷ 교재	E - ❸ 교재
사물의 개수를 세어 보고 1, 2, 3, 4, 5 알아보기 0의 개념과 0~5까지의 수의 순서 알기 하나 더 많다, 적다의 개념 알기 두 수의 크기 비교하기 사물의 개수를 세어 보고 6, 7, 8, 9 알아보기 0~9까지의 수의 순서 알기 하나 더 많다, 적다의 개념 알기 두 수의 크기 비교하기 여러 가지 모양 알아보기, 찾아보기, 만들어 보기 규칙 찾기	두 수로 가르기 두 수를 모으기 가르기와 모으기 덧셈식 알아보기 뺄셈식 알아보기 길이 비교해 보기 높이 비교해 보기 들이 비교해 보기 무게 비교해 보기 넓이 비교해 보기	수 10(십) 알아보기 19까지의 수 알아보기 몇십과 몇십 몇 알아보기 물건의 수 세기 50까지 수의 순서 알아보기 두 수의 크기 비교하기 분류하기 분류하여 세어 보기
E - ❹ 교재	**E - ❺ 교재**	**E - ❻ 교재**
수 60, 70, 80, 90 99까지의 수 수의 순서 두 수의 크기 비교 여러 가지 모양 알아보기, 찾아보기 여러 가지 모양 만들기, 그리기 규칙 찾기 10을 두 수로 가르기 100이 되도록 두 수를 모으기	10이 되는 더하기 10에서 빼기 세 수의 덧셈과 뺄셈 (몇십)+(몇), (몇십 몇)+(몇), (몇십 몇)+(몇십 몇) (몇십 몇)-(몇), (몇십 몇)-(몇십 몇) 긴바늘, 짧은바늘 알아보기 몇 시 알아보기 몇 시 30분 알아보기	세 수의 덧셈 받아올림이 있는 (몇)+(몇) 받아내림이 있는 (십 몇)-(몇) 세 수의 계산 덧셈식, 뺄셈식 만들기 □가 있는 덧셈식, 뺄셈식 만들기 여러 가지 방법으로 해결하기

F 단계 교재

F - ❶ 교재	F - ❷ 교재	F - ❸ 교재
백(100)과 몇백(200, 300, ……)의 개념 이해 세 자리 수와 뛰어 세기의 이해 세 자리 수의 크기 비교 받아올림이 있는 (두 자리 수)+(한 자리 수)의 계산 받아내림이 있는 (두 자리 수)-(한 자리 수)의 계산 세 수의 덧셈과 뺄셈 선분과 직선의 차이 이해 사각형, 삼각형, 원 등의 여러 가지 모양 쌓기나무로 똑같이 쌓아 보고 여러 가지 모양 만들기 배열 순서에 따라 규칙 찾아내기	받아올림이 있는 (두 자리 수)+(두 자리 수)의 계산 받아내림이 있는 (두 자리 수)-(두 자리 수)의 계산 여러 가지 방법으로 계산하고 세 수의 혼합 계산 길이 비교와 단위길이의 비교 길이의 단위(cm) 알기 길이 재기와 길이 어림하기 어떤 수를 □로 나타내기 덧셈식·뺄셈식에서 □의 값 구하기 어떤 수를 구하는 식 만들기 식에 알맞은 문제 만들기	시각 읽기 시각과 시간의 차이 알기 하루의 시간 알기 달력을 보며 1년 알기 몇 시 몇 분 전 알기 반 시간 알기 묶어 세기 몇 배 알아보기 더하기를 곱하기로 나타내기 덧셈식과 곱셈식으로 나타내기
F - ❹ 교재	**F - ❺ 교재**	**F - ❻ 교재**
2~9의 단 곱셈구구 익히기 1의 단 곱셈구구와 0의 곱 곱셈표에서 규칙 찾기 받아올림이 없는 세 자리 수의 덧셈 받아내림이 없는 세 자리 수의 뺄셈 여러 가지 방법으로 계산하기 미터(m)와 센티미터(cm) 길이 재기 길이 어림하기 길이의 합과 차	받아올림이 있는 세 자리 수의 덧셈 받아내림이 있는 세 자리 수의 뺄셈 여러 가지 방법으로 덧셈·뺄셈하기 세 수의 혼합 계산 똑같이 나누기 전체와 부분의 크기 분수의 쓰기와 읽기 분수만큼 색칠하고 분수로 나타내기 표와 그래프로 나타내기 조사하여 표와 그래프로 나타내기	□가 있는 곱셈식을 만들어 문제 해결하기 규칙을 찾아 문제 해결하기 거꾸로 생각하여 문제 해결하기

단계 교재

G - ❶ 교재	G - ❷ 교재	G - ❸ 교재
1000의 개념 알기	똑같이 묶어 덜어 내기와 똑같게 나누기	분수만큼 알기와 분수로 나타내기
몇천, 네 자리 수 알기	나눗셈의 몫	몇 개인지 알기
수의 자릿값 알기	곱셈과 나눗셈의 관계	분수의 크기 비교
뛰어 세기, 두 수의 크기 비교	나눗셈의 몫을 구하는 방법	mm 단위를 알기와 mm 단위까지 길이 재기
세 자리 수의 덧셈	나눗셈의 세로 형식	km 단위를 알기
덧셈의 여러 가지 방법	곱셈을 활용하여 나눗셈의 몫 구하기	km, m, cm, mm의 단위가 있는 길이의
세 자리 수의 뺄셈	평면도형 밀기, 뒤집기, 돌리기	합과 차 구하기
뺄셈의 여러 가지 방법	평면도형 뒤집고 돌리기	시각과 시간의 개념 알기
각과 직각의 이해	(몇십)×(몇)의 계산	1초의 개념 알기
직각삼각형, 직사각형, 정사각형의 이해	(두 자리 수)×(한 자리 수)의 계산	시간의 합과 차 구하기

G - ❹ 교재	G - ❺ 교재	G - ❻ 교재
(네 자리 수)+(세 자리 수)	(몇십)÷(몇)	막대그래프
(네 자리 수)+(네 자리 수)	내림이 없는 (몇십 몇)÷(몇)	막대그래프 그리기
(네 자리 수)−(세 자리 수)	나눗셈의 몫과 나머지	그림그래프
(네 자리 수)−(네 자리 수)	나눗셈식의 검산 / (몇십 몇)÷(몇)	그림그래프 그리기
세 수의 덧셈과 뺄셈	들이 / 들이의 단위	알맞은 그래프로 나타내기
(세 자리 수)×(한 자리 수)	들이의 어림하기와 합과 차	규칙을 정해 무늬 꾸미기
(몇십)×(몇십) / (두 자리 수)×(몇십)	무게 / 무게의 단위	규칙을 찾아 문제 해결
(두 자리 수)×(두 자리 수)	무게의 어림하기와 합과 차	표를 만들어서 문제 해결
원의 중심과 반지름 / 그리기 / 지름 / 성질	0.1 / 소수 알아보기	예상과 확인으로 문제 해결
	소수의 크기 비교하기	

단계 교재

H - ❶ 교재	H - ❷ 교재	H - ❸ 교재
만 / 다섯 자리 수 / 십만, 백만, 천만	이등변삼각형 / 이등변삼각형의 성질	소수
억 / 조 / 큰 수 뛰어서 세기	정삼각형 / 예각과 둔각	소수 두 자리 수
두 수의 크기 비교	예각삼각형 / 둔각삼각형	소수 세 자리 수
100, 1000, 10000, 몇백, 몇천의 곱	덧셈, 뺄셈 또는 곱셈, 나눗셈이 섞여 있는 혼합	소수 사이의 관계
(세,네 자리 수)×(두 자리 수)	계산	소수의 크기 비교
세 수의 곱셈 / 몇십으로 나누기	덧셈, 뺄셈, 곱셈, 나눗셈이 섞여 있는 혼합 계산	규칙을 찾아 수로 나타내기
(두,세 자리 수)÷(두 자리 수)	( ), { }가 있는 혼합 계산	규칙을 찾아 글로 나타내기
각의 크기 / 각 그리기 / 각도의 합과 차	분수와 진분수 / 가분수와 대분수	새로운 무늬 만들기
삼각형의 세 각의 크기의 합	대분수를 가분수로, 가분수를 대분수로 나타내기	
사각형의 네 각의 크기의 합	분모가 같은 분수의 크기 비교	

H - ❹ 교재	H - ❺ 교재	H - ❻ 교재
분모가 같은 진분수의 덧셈	사다리꼴 / 평행사변형 / 마름모	꺾은선그래프
분모가 같은 대분수의 덧셈	직사각형과 정사각형의 성질	꺾은선그래프 그리기
분모가 같은 진분수의 뺄셈	다각형과 정다각형 / 대각선	물결선을 사용한 꺾은선그래프
분모가 같은 대분수의 뺄셈	여러 가지 모양 만들기	물결선을 사용한 꺾은선그래프 그리기
분모가 같은 대분수와 진분수의 덧셈과 뺄셈	여러 가지 모양으로 덮기	알맞은 그래프로 나타내기
소수의 덧셈 / 소수의 뺄셈	직사각형과 정사각형의 둘레	꺾은선그래프의 활용
수직과 수선 / 수선 긋기	1cm² / 직사각형과 정사각형의 넓이	두 수 사이의 관계
평행선 / 평행선 긋기	여러 가지 도형의 넓이	두 수 사이의 관계를 식으로 나타내기
평행선 사이의 거리	이상과 이하 / 초과와 미만 / 수의 범위	문제를 해결하고 풀이 과정을 설명하기
	올림과 버림 / 반올림 / 어림의 활용	

기탄초력수학 교재별 학습 내용

I 단계 교재

I - ❶ 교재	I - ❷ 교재	I - ❸ 교재
약수 / 배수 / 배수와 약수의 관계 공약수와 최대공약수 공배수와 최소공배수 크기가 같은 분수 알기 크기가 같은 분수 만들기 분수의 약분 / 분수의 통분 분수의 크기 비교 / 진분수의 덧셈 대분수의 덧셈 / 진분수의 뺄셈 대분수의 뺄셈 / 세 분수의 덧셈과 뺄셈	세 분수의 덧셈과 뺄셈 (진분수)×(자연수) / (대분수)×(자연수) (자연수)×(진분수) / (자연수)×(대분수) (단위분수)×(단위분수) (진분수)×(진분수) / (대분수)×(대분수) 세 분수의 곱셈 / 합동인 도형의 성질 합동인 삼각형 그리기 면, 모서리, 꼭짓점 직육면체와 정육면체 직육면체의 성질 / 겨냥도 / 전개도	평행사변형의 넓이 삼각형의 넓이 사다리꼴의 넓이 마름모의 넓이 넓이의 단위 m^2, a 넓이의 단위 ha, km^2 넓이의 단위 관계 무게의 단위
I - ❹ 교재	**I - ❺ 교재**	**I - ❻ 교재**
분수와 소수의 관계 분수를 소수로, 소수를 분수로 나타내기 분수와 소수의 크기 비교 1÷(자연수)를 곱셈으로 나타내기 (자연수)÷(자연수)를 곱셈으로 나타내기 (진분수)÷(자연수) / (가분수)÷(자연수) (대분수)÷(자연수) 분수와 자연수의 혼합 계산 선대칭도형/선대칭의 위치에 있는 도형 점대칭도형/점대칭의 위치에 있는 도형	(소수)×(자연수) / (자연수)×(소수) 곱의 소수점의 위치 (소수)×(소수) 소수의 곱셈 (소수)÷(자연수) (자연수)÷(자연수) 줄기와 잎 그림 그림그래프 평균 자료를 그래프로 나타내고 설명하기	두 수의 크기 비교 비율 백분율 할푼리 실제로 해 보기와 표 만들기 그림 그리기와 식 만들기 예상하고 확인하기와 표 만들기 실제로 해 보기와 규칙 찾기

J 단계 교재

J - ❶ 교재	J - ❷ 교재	J - ❸ 교재
(자연수)÷(단위분수) 분모가 같은 진분수끼리의 나눗셈 분모가 다른 진분수끼리의 나눗셈 (자연수)÷(진분수) / 대분수의 나눗셈 분수의 나눗셈 활용하기 소수의 나눗셈 / (자연수)÷(소수) 소수의 나눗셈에서 나머지 반올림한 몫 입체도형과 각기둥 / 각뿔 각기둥의 전개도 / 각뿔의 전개도	쌓기나무의 개수 쌓기나무의 각 자리, 각 층별로 나누어 개수 구하기 규칙 찾기 쌓기나무로 만든 것, 여러 가지 입체도형, 여러 가지 생활 속 건축물의 위, 앞, 옆 에서 본 모양 원주와 원주율 / 원의 넓이 띠그래프 알기 / 띠그래프 그리기 원그래프 알기 / 원그래프 그리기	비례식 비의 성질 가장 작은 자연수의 비로 나타내기 비례식의 성질 비례식의 활용 연비 두 비의 관계를 연비로 나타내기 연비의 성질 비례배분 연비로 비례배분
J - ❹ 교재	**J - ❺ 교재**	**J - ❻ 교재**
(소수)÷(분수) / (분수)÷(소수) 분수와 소수의 혼합 계산 원기둥 / 원기둥의 전개도 원뿔 회전체 / 회전체의 단면 직육면체와 정육면체의 겉넓이 부피의 비교 / 부피의 단위 직육면체와 정육면체의 부피 부피의 큰 단위 부피와 들이 사이의 관계	원기둥의 겉넓이 원기둥의 부피 경우의 수 순서가 있는 경우의 수 여러 가지 경우의 수 확률 미지수를 x로 나타내기 등식 알기 / 방정식 알기 등식의 성질을 이용하여 방정식 풀기 방정식의 활용	두 수 사이의 대응 관계 / 정비례 정비례를 활용하여 생활 문제 해결하기 반비례 반비례를 활용하여 생활 문제 해결하기 그림을 그리거나 식을 세워 문제 해결하기 거꾸로 생각하거나 식을 세워 문제 해결하기 표를 작성하거나 예상과 확인을 통하여 문제 해결하기 여러 가지 방법으로 문제 해결하기 새로운 문제를 만들어 풀어 보기

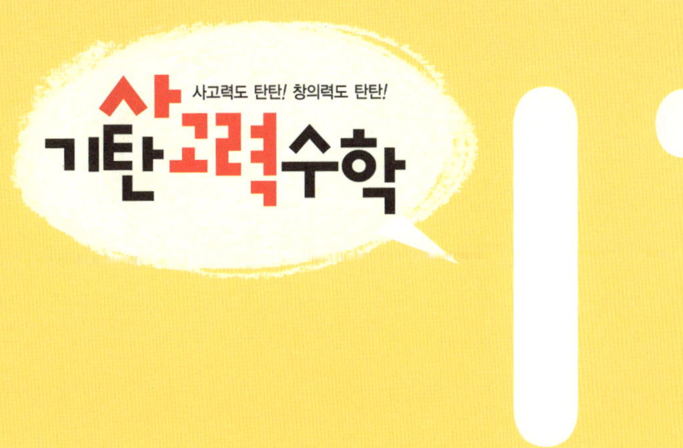

학습 관리표

학습 내용		이번 주는?
약수와 배수	· 약수 · 배수 · 배수와 약수의 관계 · 공약수와 최대공약수 · 공배수와 최소공배수 · 창의력 학습 · 경시대회 예상문제	· 학습 방법 : ① 매일매일　② 가끔　③ 한꺼번에 　　　　　　 하였습니다. · 학습 태도 : ① 스스로 잘　② 시켜서 억지로 　　　　　　 하였습니다. · 학습 흥미 : ① 재미있게　② 싫증내며 　　　　　　 하였습니다. · 교재 내용 : ① 적합하다고 ② 어렵다고　③ 쉽다고 　　　　　　 하였습니다.
지도 교사가 부모님께		**부모님이 지도 교사께**
평가	Ⓐ 아주 잘함　　　Ⓑ 잘함　　　Ⓒ 보통　　　Ⓓ 부족함	

원(교)　　　　반　이름　　　　전화

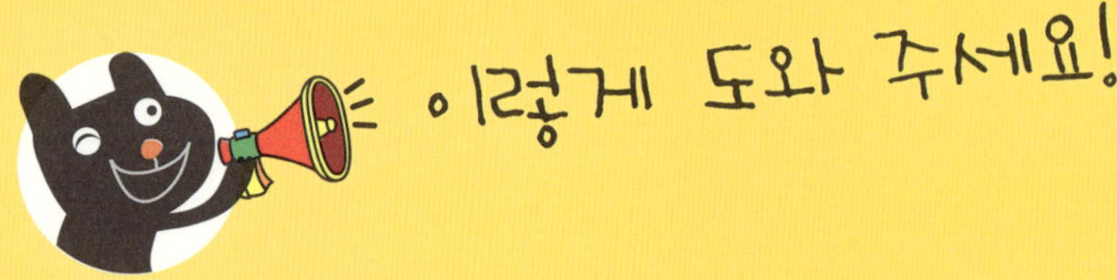

● 학습 목표

– 약수와 배수를 이해하고 구할 수 있습니다.

– 배수와 약수의 관계를 이해할 수 있습니다.

– 두 수의 공약수와 최대공약수, 공배수와 최소공배수를 이해하고 구할 수 있습니다.

– 공약수와 최대공약수의 관계, 공배수와 최소공배수의 관계를 이해할 수 있습니다.

● 지도 내용

– 약수를 이해하고 자연수의 약수를 구해 봅니다.

– 배수를 이해하고 자연수의 배수를 구해 봅니다.

– 짝수와 홀수를 이해하고 구해 봅니다.

– 공약수와 최대공약수를 이해하고 두 수의 공약수와 최대공약수를 구해 봅니다.

– 공약수와 최대공약수의 관계를 이해하고 두 수의 최대공약수를 이용하여 두 수의
  공약수를 구해 봅니다.

– 공배수와 최소공배수를 이해하고 두 수의 공배수와 최소공배수를 구해 봅니다.

– 공배수와 최소공배수의 관계를 이해하고 두 수의 최소공배수를 이용하여 두 수의
  공배수를 구해 봅니다.

● 지도 요점

자연수의 범위에서 약수와 배수를 정의하고 곱의 관계에서 약수와 배수의 관계를 알
아 이것을 바탕으로 약수를 구하게 합니다. 두 수의 공통된 약수로서 공약수를 이해
하고, 공약수를 구하게 합니다. 공약수 중에서 가장 큰 공약수를 최대공약수라고 정의
하고, 최대공약수를 구할 수 있게 합니다. 두 수의 공통된 배수로서 공배수를 이해하
고 공배수를 구하게 합니다. 공배수 중에서 가장 작은 공배수를 최소공배수라고 정의
하고 최소공배수를 구할 수 있게 합니다. 약수, 공약수, 최대공약수의 관계와 배수, 공
배수, 최소공배수의 관계를 알아 이를 문제 해결에 활용할 수 있게 합니다. 최대공약
수, 최소공배수는 두 수 사이에서 구하는 수준으로 지도합니다.

I-1a

✿ 이름 :

✿ 날짜 :

✿ 시간 :　　시　　분 ~　　시　　분

확인

◆ 약수 ◆

10을 1, 2, 5, 10으로 나누면 나누어떨어집니다. 이때, 1, 2, 5, 10을 10의 약수라고 합니다.

1 6의 약수를 구하려고 합니다. □ 안에 알맞은 수를 써넣으시오.

$6 \div 1 = \square$　　　　$6 \div 2 = \square$　　　　$6 \div 3 = \square$

$6 \div 4 = \square \cdots 2$　　　$6 \div 5 = \square \cdots 1$　　　$6 \div 6 = \square$

6의 약수 ➡ $\square$, $\square$, $\square$, $\square$

2 보기 와 같은 방법으로 약수를 구하려고 합니다. □ 안에 알맞은 수를 써넣으시오.

보기

$1 \times 8 = 8$　　　$2 \times 4 = 8$

8의 약수 ➡ 1, 2, 4, 8

$1 \times \square = 24$　　$2 \times \square = 24$　　$3 \times \square = 24$　　$4 \times \square = 24$

24의 약수 ➡ $\square$, $\square$, $\square$, $\square$, $\square$, $\square$, $\square$, $\square$

🐸 약수를 구하시오. [3~5]

3 9의 약수 ➡ _______________

4 20의 약수 ➡ _______________

5 45의 약수 ➡ _______________

6 왼쪽의 수가 오른쪽 수의 약수가 되는 것을 모두 찾아 기호를 쓰시오.

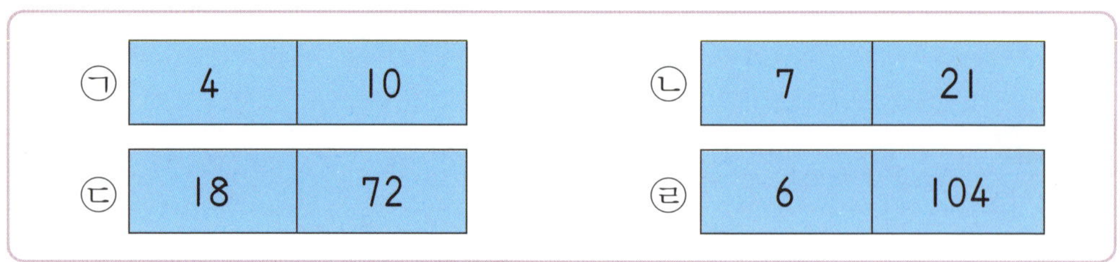

[답] _______________

7 다음 중 약수의 개수가 가장 많은 수를 찾아 쓰시오.

10	18	32	54	81

[답] _______________

I-2a

◆ **배수(1)** ◆

- 5를 1배, 2배, 3배, 4배, …… 한 수 5, 10, 15, 20, ……을 5의 배수라고 합니다.

- 수 2, 4, 6, 8, 10, ……과 같이 2로 나누어떨어지는 수를 짝수라 하고, 1, 3, 5, 7, 9, ……와 같이 2로 나누어떨어지지 않는 수를 홀수라고 합니다.

1 2의 배수를 구하려고 합니다. ☐ 안에 알맞은 수를 써넣으시오.

2를 1배 한 수 ➡ $2 \times 1 =$ ☐	2를 2배 한 수 ➡ $2 \times 2 =$ ☐
2를 3배 한 수 ➡ $2 \times 3 =$ ☐	2를 4배 한 수 ➡ $2 \times 4 =$ ☐
2를 5배 한 수 ➡ $2 \times 5 =$ ☐	2를 6배 한 수 ➡ $2 \times 6 =$ ☐

2의 배수 ➡ ☐ , ☐ , ☐ , ☐ , ☐ , ☐ , ……

🐸 배수를 가장 작은 수부터 차례로 5개 쓰시오. [2~3]

2 7의 배수 ➡ ______________________________

3 12의 배수 ➡ ______________________________

4 수 배열표를 보고 4의 배수에는 ○표, 5의 배수에는 △표, 13의 배수에는 /표 하시오.

51	52	53	54	55	56	57	58	59	60
61	62	63	64	65	66	67	68	69	70
71	72	73	74	75	76	77	78	79	80
81	82	83	84	85	86	87	88	89	90
91	92	93	94	95	96	97	98	99	100

5 수 배열표를 보고 짝수에는 ○표, 홀수에는 △표 하시오.

11	12	13	14	15	16	17	18	19	20
21	22	23	24	25	26	27	28	29	30

6 다음 중 짝수를 모두 찾아 쓰시오.

38	41	72	89	93

[답]

7 다음 중 홀수를 모두 찾아 쓰시오.

53	68	94	100	111

[답]

I-3a

✿ 이름 :
✿ 날짜 :
✿ 시간 :　시　분～　시　분

◆ **배수(2)** ◆

1 10보다 크고 50보다 작은 8의 배수를 모두 쓰시오.

[답]

2 1부터 100까지의 자연수 중에서 15의 배수는 모두 몇 개입니까?

[답]

3 6의 배수는 모두 3의 배수입니다. 그 이유를 쓰시오.

[답]

4 다음을 보고 물음에 답하시오.

| 92 | 107 | 288 | 420 | 506 | 815 | 1008 | 2475 |

(1) 4의 배수를 모두 찾아 쓰시오.

[답]

(2) 9의 배수를 모두 찾아 쓰시오.

[답]

(3) 4의 배수이면서 9의 배수를 모두 찾아 쓰시오.

[답]

사고력 학습

5 30보다 작은 7의 배수 중에서 짝수를 모두 구하시오.

[답]

6 50보다 크고 85보다 작은 5의 배수 중에서 홀수를 모두 구하시오.

[답]

7 101 이상 200 이하인 자연수 중에서 홀수는 모두 몇 개입니까?

[답]

8 21의 배수인 두 자리 수 중에서 짝수는 모두 몇 개입니까?

[답]

9 다음은 어떤 수의 배수를 가장 작은 수부터 쓴 것입니다. 열여섯 번째의 수를 구하시오.

> 7, 14, 21, 28, ……

[답]

◆ 배수와 약수의 관계 ◆

1 □ 안에 알맞은 수를 써넣으시오.

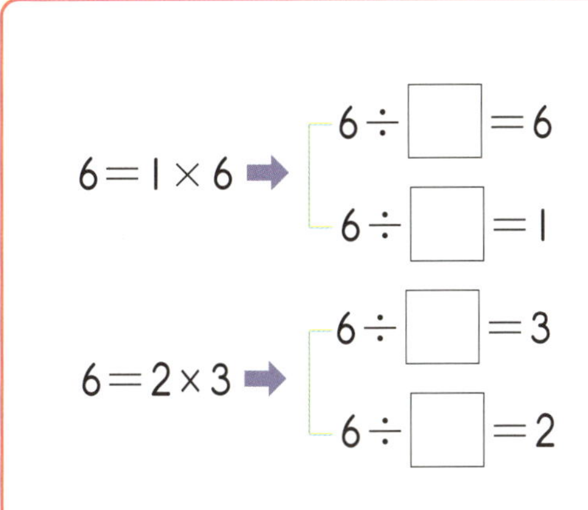

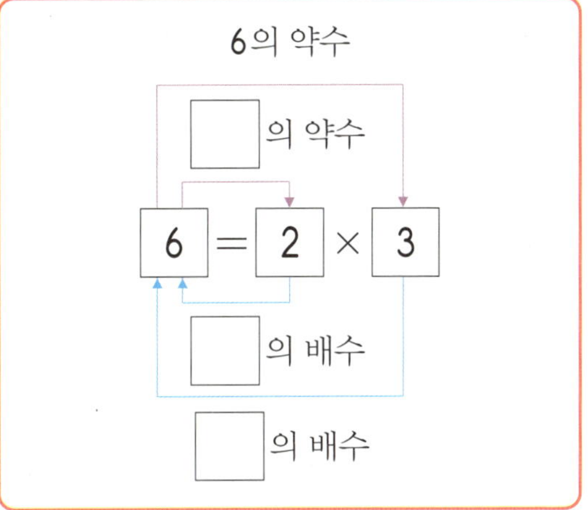

2 식을 보고 □ 안에 '배수' 와 '약수' 를 알맞게 써넣으시오.

$$15 = 3 \times 5$$

(1) 15는 3과 5의 □ 입니다.   (2) 3과 5는 15의 □ 입니다.

3 식을 보고 □ 안에 알맞은 수를 써넣으시오.

$$32 = 1 \times 32 \quad 32 = 2 \times 16 \quad 32 = 4 \times 8$$

(1) 32는 □ , □ , □ , □ , □ , □ 의 배수입니다.

(2) □ , □ , □ , □ , □ , □ 는 32의 약수입니다.

4 정사각형 20개를 모두 이용하여 서로 다른 모양의 직사각형을 만든 것입니다. 물음에 답하시오.

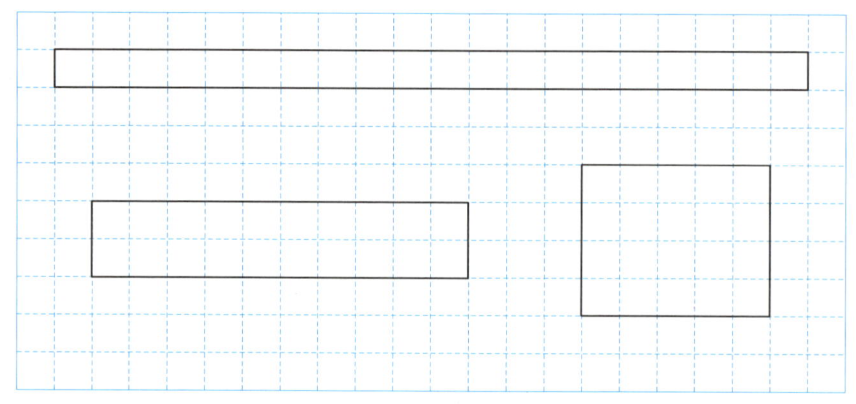

(1) 만든 서로 다른 직사각형을 보고 20을 두 수의 곱으로 나타내시오.

$$20 = 1 \times \boxed{} \qquad 20 = \boxed{} \times \boxed{} \qquad 20 = \boxed{} \times \boxed{}$$

(2) 위의 곱셈식을 이용해서 □ 안에 알맞은 수를 써넣으시오.

20은 □ , □ , □ , □ , □ , □ 의 배수입니다.

□ , □ , □ , □ , □ , □ 은 20의 약수입니다.

5 두 수가 배수와 약수의 관계인 것을 찾아 ◯표 하시오.

3	14

(   )

21	7

(   )

42	5

(   )

✿ 이름 :

✿ 날짜 :

✿ 시간 : 　시　분 ~ 　시　분

확인

◆ 공약수와 최대공약수(1) ◆

> 1, 2, 3, 6은 18의 약수도 되고 24의 약수도 됩니다. 이와 같이 18과 24의 공통인 약수 1, 2, 3, 6을 18과 24의 공약수라고 합니다. 공약수 중에서 가장 큰 수 6을 18과 24의 최대공약수라고 합니다.

1 32와 40의 공약수와 최대공약수를 구하려고 합니다. 물음에 답하시오.

(1) 32의 약수를 구하시오.

[답] _______________

(2) 40의 약수를 구하시오.

[답] _______________

(3) 32와 40의 공약수를 구하시오.

[답] _______________

(4) 32와 40의 최대공약수를 구하시오.

[답] _______________

2 16과 28의 공약수와 최대공약수를 구하시오.

공약수 : _______________

최대공약수 : _______________

사고력 학습

3 12와 16의 최대공약수를 구하려고 합니다. ☐ 안에 알맞은 수를 써넣으시오.

$$12 = 2 \times 2 \times 3 \qquad 16 = 2 \times 2 \times 2 \times 2$$

12와 16의 최대공약수 ➡ ☐ × ☐ = ☐

4 30과 45의 최대공약수를 구하려고 합니다. ☐ 안에 알맞은 수를 써넣으시오.

$$30 = ☐ \times ☐ \times ☐ \qquad 45 = ☐ \times ☐ \times ☐$$

30과 45의 최대공약수 ➡ ☐ × ☐ = ☐

보기 와 같은 방법으로 두 수의 최대공약수를 구하시오. [5~6]

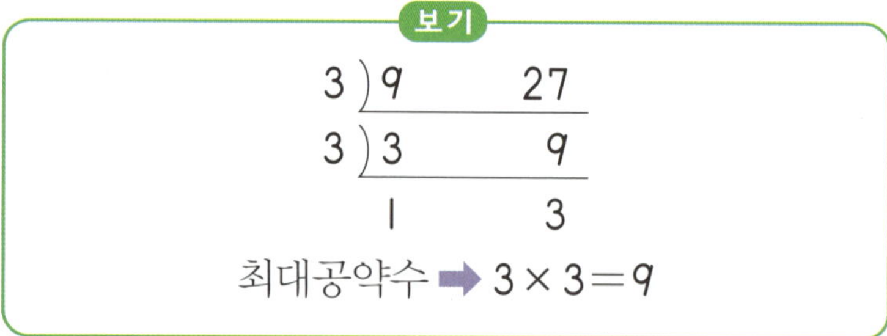

보기

$$3\,)\underline{9 \qquad 27}$$
$$3\,)\underline{3 \qquad 9}$$
$$\;1 \qquad 3$$

최대공약수 ➡ $3 \times 3 = 9$

5)24   16

6)36   48

최대공약수

➡ _______________

최대공약수

➡ _______________

◆ 공약수와 최대공약수(2) ◆

1 다음은 15와 20의 약수를 나타낸 것입니다. 15와 20의 최대공약수를 구하시오.

> • 15의 약수: 1, 3, 5, 15
> • 20의 약수: 1, 2, 4, 5, 10, 20

[답]

2 다음은 어떤 두 수의 공약수입니다. 이 두 수의 최대공약수를 구하시오.

> 1, 2, 4, 8, 16

[답]

🐸 두 수의 최대공약수를 구하시오. [3~4]

3 ●$=2\times2\times3\times5$ ▲$=2\times3\times5\times7$

[답]

4 ■$=3\times3\times3\times5$ ★$=3\times3\times5\times5$

[답]

사고력 학습

🐸 두 수의 최대공약수를 구하시오. [5~10]

5 | 16 | 36 |

6 | 18 | 26 |

7 | 21 | 35 |

8 | 24 | 40 |

9 | 40 | 84 |

10 | 72 | 48 |

11 두 수의 최대공약수가 더 큰 것의 기호를 쓰시오.

㉠ (42, 98)　　㉡ (105, 90)

[답]

I-7a

✿이름 :

✿날짜 :

✿시간 :　시　분~　시　분

확인

◆ **공약수와 최대공약수(3)** ◆

1 18과 27의 공약수와 최대공약수의 관계를 알아보려고 합니다. 물음에 답하시오.

(1) 18과 27의 공약수를 구하시오.

[답]

(2) 18과 27의 최대공약수를 구하시오.

[답]

(3) 18과 27의 최대공약수의 약수를 구하시오.

[답]

(4) 18과 27의 최대공약수의 약수는 18과 27의 공약수와 같습니까? 다릅니까?

[답]

2 다음과 같은 방법으로 28과 32의 최대공약수를 구하여 두 수의 공약수를 구하려고 합니다. 물음에 답하시오.

$$\begin{array}{r} 2\,)\underline{28 \quad\ 32} \\ 2\,)\underline{14 \quad\ 16} \\ 7 \qquad 8 \end{array}$$

(1) 28과 32의 최대공약수를 구하시오.

[답]

(2) 28과 32의 공약수를 구하시오.

[답]

사고력 학습

🐸 두 수의 최대공약수와 공약수를 구하시오. [3~6]

3 | 12 | 32 |

최대공약수: ________________

공약수: ________________

4 | 27 | 45 |

최대공약수: ________________

공약수: ________________

5 | 80 | 60 |

최대공약수: ________________

공약수: ________________

6 | 56 | 140 |

최대공약수: ________________

공약수: ________________

◆ 공약수와 최대공약수(4) ◆

🐸 물음에 답하시오. [1~2]

1 어떤 두 수의 최대공약수는 6입니다. 이 두 수의 공약수를 구하시오.

[답]

2 어떤 두 수의 최대공약수는 45입니다. 이 두 수의 공약수를 구하시오.

[답]

3 다음 두 수의 최대공약수는 21입니다. 이 두 수의 공약수는 몇 개입니까?

$$(63, \Box)$$

[답]

4 두 수의 공약수의 개수가 가장 많은 것을 찾아 기호를 쓰시오.

> ㉠ 최대공약수가 8인 두 수　　㉡ 최대공약수가 12인 두 수
> ㉢ 최대공약수가 36인 두 수　　㉣ 최대공약수가 81인 두 수

[답]

5 21과 35를 어떤 수로 각각 나누었더니 모두 나누어떨어졌습니다. 어떤 수가 될 수 있는 수 중에서 가장 큰 수를 구하시오.

[답]

6 41과 47을 어떤 수로 나누었더니 나머지가 모두 5였습니다. 어떤 수를 구하시오.

[답]

7 연필 52자루, 지우개 78개를 최대한 많은 학생에게 남김없이 똑같이 나누어 주려고 합니다. 몇 명까지 나누어 줄 수 있습니까?

[답]

8 가로가 24cm, 세로가 36cm인 직사각형 모양의 종이가 있습니다. 이 종이를 오려서 남는 부분 없이 가장 큰 정사각형을 여러 장 만들려고 합니다. 정사각형의 한 변은 몇 cm로 해야 합니까?

[답]

사고력 학습

◆ 공배수와 최소공배수(1) ◆

12, 24, 36, ……은 3의 배수도 되고, 4의 배수도 됩니다. 이와 같이 3과 4의 공통인 배수 12, 24, 36, ……을 3과 4의 공배수라고 합니다. 공배수 중에서 가장 작은 수 12를 3과 4의 최소공배수라고 합니다.

1 2와 5의 공배수와 최소공배수를 구하려고 합니다. 물음에 답하시오.

(1) 2의 배수를 가장 작은 수부터 차례로 10개 쓰시오.

[답]

(2) 5의 배수를 가장 작은 수부터 차례로 10개 쓰시오.

[답]

(3) 2와 5의 공배수를 가장 작은 수부터 차례로 2개 쓰시오.

[답]

(4) 2와 5의 최소공배수를 구하시오.

[답]

2 8과 12의 공배수를 가장 작은 수부터 차례로 3개 쓰고, 최소공배수를 구하시오.

공배수 :

최소공배수 :

3 9와 15의 최소공배수를 구하려고 합니다. □ 안에 알맞은 수를 써넣으시오.

$$9 = 3 \times 3 \qquad 15 = 3 \times 5$$

9와 15의 최소공배수 ➡ $\boxed{} \times \boxed{} \times \boxed{} = \boxed{}$

4 20과 30의 최소공배수를 구하려고 합니다. □ 안에 알맞은 수를 써넣으시오.

$$20 = \boxed{} \times \boxed{} \times \boxed{} \qquad 30 = \boxed{} \times \boxed{} \times \boxed{}$$

20과 30의 최소공배수 ➡ $\boxed{} \times \boxed{} \times \boxed{} \times \boxed{} = \boxed{}$

보기 와 같은 방법으로 두 수의 최소공배수를 구하시오. [5~6]

보기

$$
\begin{array}{r|cc}
2 & 18 & 24 \\
3 & 9 & 12 \\
\hline
 & 3 & 4
\end{array}
$$

최소공배수 ➡ $2 \times 3 \times 3 \times 4 = 72$

5 $)\,24 \quad 32$

6 $)\,50 \quad 75$

최소공배수

➡ _______________

최소공배수

➡ _______________

◆ 공배수와 최소공배수(2) ◆

1 다음은 6과 9의 배수를 나타낸 것입니다. 6과 9의 최소공배수를 구하시오.

> • 6의 배수: 6, 12, 18, 24, 30, 36, 42, 48, 54, 60, ……
> • 9의 배수: 9, 18, 27, 36, 45, 54, 63, 72, 81, 90, ……

[답]

2 30의 배수도 되고 24의 배수도 되는 수는 수 중에서 가장 작은 수를 구하시오.

[답]

🐸 두 수의 최소공배수를 구하시오. [3~4]

3

> ● = 3 × 3 × 5　　　■ = 3 × 5 × 7

[답]

4

> ♥ = 2 × 3 × 5 × 7　　　♣ = 3 × 3 × 5 × 7

[답]

사고력 학습

🐸 두 수의 최소공배수를 구하시오. [5~10]

5 | 12 | 18 |

6 | 15 | 20 |

7 | 16 | 36 |

8 | 48 | 80 |

9 | 50 | 60 |

10 | 84 | 108 |

11 두 수의 최소공배수가 더 큰 것의 기호를 쓰시오.

㉠ (63, 72) 　　　　㉡ (40, 96)

[답]

사고력 학습

이름 :

날짜 :

시간 : 시 분 ~ 시 분

확인

◆ 공배수와 최소공배수(3) ◆

1 16과 24의 공배수와 최소공배수의 관계를 알아보려고 합니다. 물음에 답하시오.

(1) 16과 24의 공배수를 가장 작은 수부터 차례로 3개 쓰시오.

[답]

(2) 16과 24의 최소공배수를 구하시오.

[답]

(3) 16과 24의 최소공배수의 배수를 가장 작은 수부터 차례로 3개 쓰시오.

[답]

(4) 16과 24의 최소공배수의 배수는 16과 24의 공배수와 같습니까? 다릅니까?

[답]

2 다음과 같은 방법으로 30과 36의 최소공배수를 구하여 두 수의 공배수를 구하려고 합니다. 물음에 답하시오.

$$
\begin{array}{r|rr}
2 & 30 & 36 \\
3 & 15 & 18 \\
\hline
 & 5 & 6
\end{array}
$$

(1) 30과 36의 최소공배수를 구하시오.

[답]

(2) 30과 36의 공배수를 가장 작은 수부터 차례로 3개 쓰시오.

[답]

사고력 학습

🐸 두 수의 최소공배수를 구하고, 공배수를 가장 작은 수부터 차례로 3개 쓰시오.

[3~6]

3 | 15 | 45 |

최소공배수: _______________________

공배수: _______________________

4 | 18 | 27 |

최소공배수: _______________________

공배수: _______________________

5 | 32 | 40 |

최소공배수: _______________________

공배수: _______________________

6 | 54 | 90 |

최소공배수: _______________________

공배수: _______________________

사고력 학습

★ 이름 :

★ 날짜 :

★ 시간 :　　시　　분 ~ 　　시　　분

확인

◆ 공배수와 최소공배수(4) ◆

1 어떤 두 수의 최소공배수는 16입니다. 이 두 수의 공배수를 가장 작은 수부터 차례로 5개 쓰시오.

[답]

2 어떤 두 수의 최소공배수가 240일 때, 이 두 수의 공배수 중에서 세 자리 수를 모두 쓰시오.

[답]

3 어떤 두 수의 최소공배수는 42입니다. 이 두 수의 공배수 중에서 200보다 크고 300보다 작은 수는 모두 몇 개입니까?

[답]

4 12와 18의 공배수 중에서 500에 가장 가까운 수를 구하시오.

[답]

5 12로도 나누어떨어지고 21로도 나누어떨어지는 어떤 수가 있습니다. 어떤 수 중에서 가장 작은 수를 구하시오.

[답]

6 어떤 수를 6으로 나누어도 2가 남고, 10으로 나누어도 2가 남습니다. 어떤 수 중에서 가장 큰 두 자리 수를 구하시오.

[답]

7 어느 고속버스 터미널에서 대전행은 15분마다, 광주행은 18분마다 출발한 다고 합니다. 오전 9시에 대전행과 광주행이 동시에 출발하였다면, 다음번에 동시에 출발하는 시각은 몇 시 몇 분입니까?

[답]

8 기계 ㉮와 ㉯가 있습니다. 안전 검사를 ㉮는 36일마다, ㉯는 54일마다 실시 합니다. 오늘 두 기계를 함께 검사하였다면, 다음번에 동시에 검사하는 날은 며칠 후입니까?

[답]

✿ 이름 :

✿ 날짜 :

✿ 시간 :　　시　　분 ~　　시　　분

확인

 창의력 학습

학교에 개인 사물함 20개가 순서대로 복도에 문이 닫힌 채 늘어서 있습니다. 학생 20명은 출석 번호대로 1부터 20까지의 사물함을 사용합니다. 1번부터 차례로 복도를 지나가면서 자기 번호의 배수인 사물함의 문을 열린 문은 닫고, 닫힌 문은 엽니다. 즉, 1번은 모든 문을 열고 2번은 2의 배수인 2, 4, 6, 8, 10, ……, 20의 문을 닫고 3번은 3의 배수인 3, 6, 9, ……, 18의 문 중에서 열린 문은 닫고, 닫힌 문은 엽니다. 20명이 모두 지나간 뒤 열려 있는 문은 어느 것입니까?

[답]

(가) 화분은 6일에 한 번씩, (나) 화분은 14일에 한 번씩, (다) 화분은 21일에 한 번씩 물을 주면 됩니다. 영주가 4월 1일에 세 화분에 물을 주었다면 다음번에 세 화분에 동시에 물을 주는 것은 몇 월 며칠입니까?

[답]

창의력 학습

I-14a

 경시대회 예상문제

1 다음 조건을 모두 만족하는 수를 구하시오.

> - 48의 약수입니다.
> - 24의 약수가 아닙니다.
> - 가장 높은 자리 숫자는 1입니다.

[답]

2 다음과 같이 6의 약수에서 6을 뺀 약수들을 모두 더하면 6이 됩니다. 25에서 30까지의 수 중에서 자기 자신을 뺀 약수들을 더했을 때 자기 자신이 되는 수를 구하시오.

> 6의 약수: 1, 2, 3, 6 ➡ 1＋2＋3＝6

[답]

3 다음 숫자 카드를 한 번씩 모두 사용하여 다섯 자리 수를 만들려고 합니다. 만들 수 있는 수 중에서 가장 큰 홀수와 가장 작은 짝수를 차례로 구하시오.

[답]

4 9의 배수이면서 짝수인 가장 큰 세 자리 수를 구하시오.

[답]

5 다음 네 자리 수가 4의 배수가 되도록 하려고 합니다. 0에서 9까지의 숫자 중에서 □ 안에 들어갈 수 있는 숫자를 모두 구하시오.

$$5\,1\,7\,\square$$

[답]

6 다음 세 자리 수가 3의 배수이면서 8의 배수가 되도록 □ 안에 알맞은 숫자를 써넣으려고 합니다. □ 안에 들어갈 숫자가 가장 큰 것을 찾아 기호를 쓰시오.

㉠ 14□	㉡ □96
㉢ 5□4	㉣ 88□

[답]

시술형·논술형

7 어떤 수로 245를 나누면 5가 남고 184를 나누면 4가 남습니다. 어떤 수 중에서 가장 큰 수는 얼마인지 풀이 과정을 쓰고 답을 구하시오.

[답]

8 가로가 6cm, 세로가 8cm인 직사각형 모양의 종이를 겹치지 않게 이어 붙여서 가장 작은 정사각형을 만들려고 합니다. 직사각형 모양의 종이는 모두 몇 장 필요합니까?

[답]

9 도넛 96개, 사탕 144개, 음료수 72개를 될 수 있는 대로 많은 학생들에게 남김없이 똑같이 나누어 주려고 합니다. 몇 명까지 나누어 줄 수 있습니까?

[답]

10 빨간색, 파란색, 노란색 전구가 있습니다. 각 전구가 다음과 같은 시간 동안 켜져 있다가 꺼지기를 반복할 때, 오후 1시에 3개의 전구가 동시에 켜졌다면, 다음번에 동시에 켜질 때는 언제인지 풀이 과정을 쓰고 답을 구하시오.

전구	빨간색	파란색	노란색
켜져 있는 시간(초)	5	6	13
꺼져 있는 시간(초)	4	6	7

[답]

11 다음 두 수의 최대공약수는 12이고, 최소공배수는 252입니다. □ 안에 들어갈 수를 구하시오.

(□, 36)

[답]

12 어떤 두 수의 곱은 192이고, 최소공배수는 48입니다. 이 두 수의 공약수를 모두 구하시오.

[답]

학습 관리표

학습 내용		이번 주는?

| 약분과 통분 | · 크기가 같은 분수
· 분수의 약분
· 분수의 통분
· 분수의 크기 비교
· 창의력 학습
· 경시대회 예상문제 | • 학습 방법 : ① 매일매일　② 가끔　③ 한꺼번에
　　　　　　하였습니다.
• 학습 태도 : ① 스스로 잘　② 시켜서 억지로
　　　　　　하였습니다.
• 학습 흥미 : ① 재미있게　② 싫증내며
　　　　　　하였습니다.
• 교재 내용 : ① 적합하다고　② 어렵다고　③ 쉽다고
　　　　　　하였습니다. |

지도 교사가 부모님께	부모님이 지도 교사께

평가	Ⓐ 아주 잘함　　Ⓑ 잘함　　Ⓒ 보통　　Ⓓ 부족함

원(교)　　　　반　이름　　　　　전화

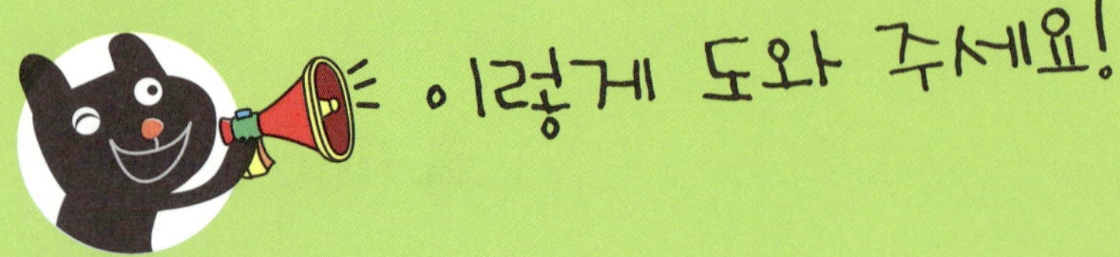

● 학습 목표
– 분수의 성질을 이용하여 크기가 같은 분수를 만들 수 있습니다.
– 분수를 약분할 수 있습니다.
– 분수를 약분하여 기약분수로 나타낼 수 있습니다.
– 분수를 통분할 수 있습니다.
– 분모가 다른 분수의 크기를 비교할 수 있습니다.

● 지도 내용
– 양을 똑같이 나누어 보는 활동을 통하여 크기가 같은 분수를 이해하고 만들어 봅니다.
– 분모와 분자에 0이 아닌 같은 수를 곱하여 크기가 같은 분수를 만들어 봅니다.
– 분모와 분자를 0이 아닌 같은 수로 나누어 크기가 같은 분수를 만들어 봅니다.
– 공약수를 이용하여 약분하는 방법을 알고 분수를 약분해 봅니다.
– 기약분수의 뜻을 알고, 분수를 기약분수로 나타내어 봅니다.
– 공통분모, 통분의 뜻을 알아봅니다.
– 분모의 공배수를 공통분모로 하여 통분할 수 있음을 알게 하고, 분모의 곱이나 최소공배수를 이용하여 통분해 봅니다.
– 분모가 다른 두 분수나 세 분수를 통분하여 크기를 비교해 봅니다.

● 지도 요점
똑같이 나누어진 그림에 색칠을 하는 활동을 통하여 크기가 같은 분수를 이해하고 구할 수 있게 합니다. 여기에서 분수의 분모와 분자에 0이 아닌 같은 수를 곱하거나 나누어도 크기는 변하지 않는다는 분수의 성질을 이용하여 약분과 통분을 할 수 있게 합니다.

 분수의 성질을 이용하여 약분하는 방법을 알고, 약분하여 분모와 분자의 공약수가 1뿐인 분수를 기약분수라고 한다는 것을 알게 합니다. 나아가 최대공약수를 이용하여 약분하면 간단하게 기약분수로 나타낼 수 있다는 것도 알 수 있도록 합니다. 통분하는 방법과 공통분모를 이해하고, 분모가 다른 분수를 분모의 곱이나 최소공배수를 공통분모로 하여 통분하게 합니다. 이를 이용하여 분모가 다른 분수의 크기를 비교합니다.

★ 이름 :

★ 날짜 :

★ 시간 :　　시　　분 ～　　시　　분

◆ **크기가 같은 분수 알기** ◆

1　□ 안에 알맞은 수를 써넣으시오.

24의 $\dfrac{1}{2}$

24의 $\dfrac{2}{4}$

24의 $\dfrac{3}{6}$

➡ $\dfrac{1}{2} = \dfrac{\square}{4} = \dfrac{\square}{6}$

2　그림을 보고 □ 안에 알맞은 수를 써넣으시오.

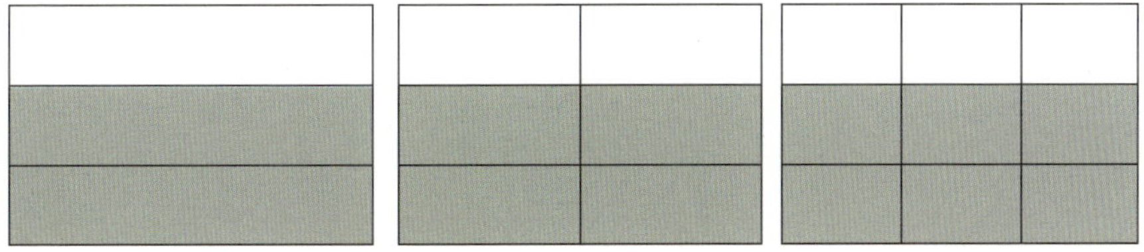

$$\dfrac{\square}{3} = \dfrac{4}{\square} = \dfrac{\square}{9}$$

분수만큼 색칠하고 크기가 같은 분수를 찾아 쓰시오. [3~5]

3

$$\frac{1}{4} \qquad \frac{2}{6} \qquad \frac{3}{12}$$

[답] ______________________

4

$$\frac{1}{2} \qquad \frac{2}{5} \qquad \frac{4}{10}$$

[답] ______________________

5

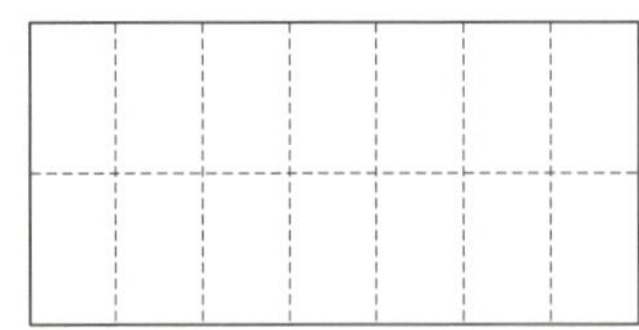

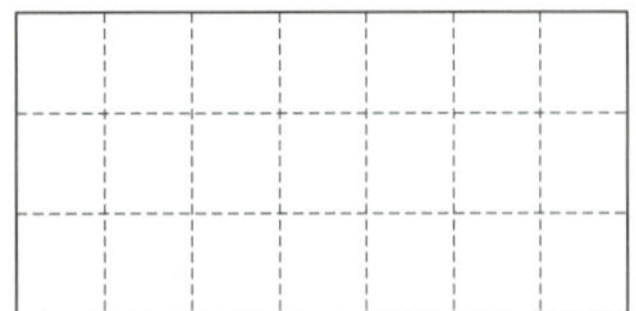

$$\frac{3}{7} \qquad \frac{6}{14} \qquad \frac{12}{21}$$

[답] ______________________

사고력 학습

◆ 크기가 같은 분수 만들기(1) ◆

크기가 같은 분수를 만들려고 합니다. 왼쪽 그림과 똑같이 색칠하고, ☐ 안에 알맞은 수를 써넣으시오. [1~2]

1

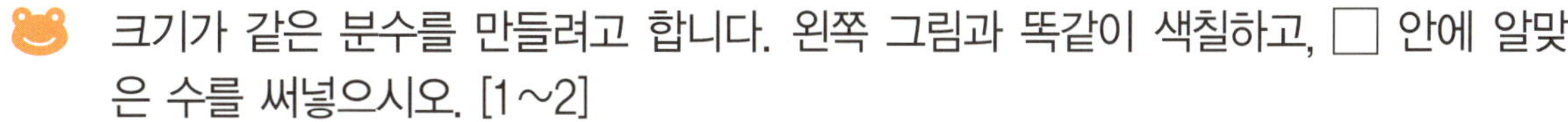

$$\frac{2}{5} = \frac{2 \times \boxed{}}{5 \times \boxed{}} = \frac{2 \times \boxed{}}{5 \times \boxed{}} = \frac{2 \times \boxed{}}{5 \times \boxed{}} = \frac{2 \times \boxed{}}{5 \times \boxed{}}$$

2

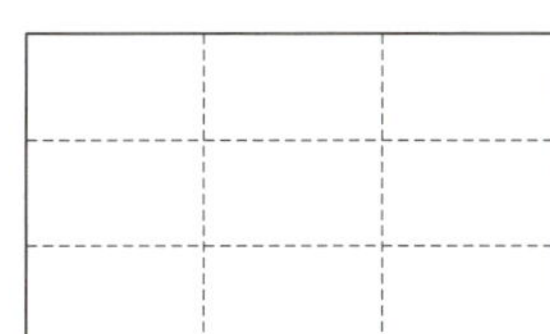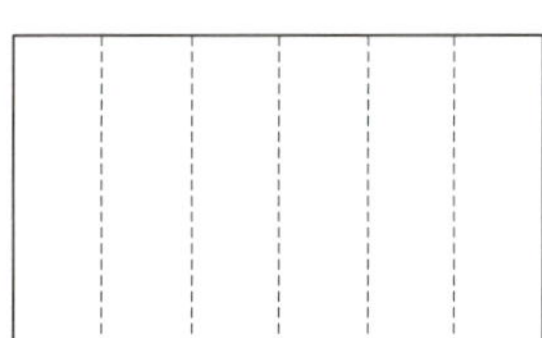

$$\frac{12}{18} = \frac{12 \div \boxed{}}{18 \div \boxed{}} = \frac{12 \div \boxed{}}{18 \div \boxed{}}$$

☐ 안에 알맞은 수를 써넣으시오. [3~4]

3

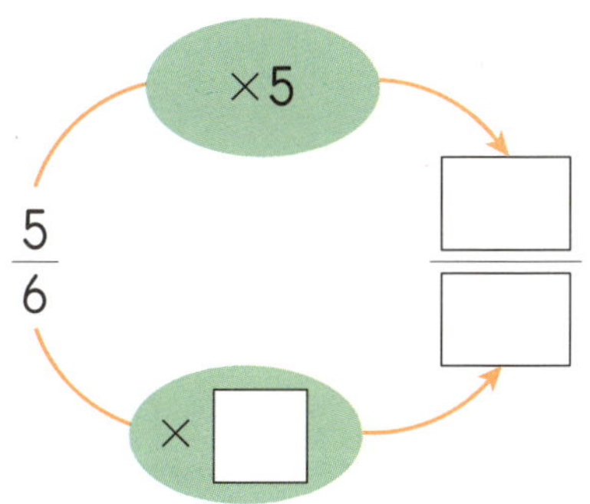

4

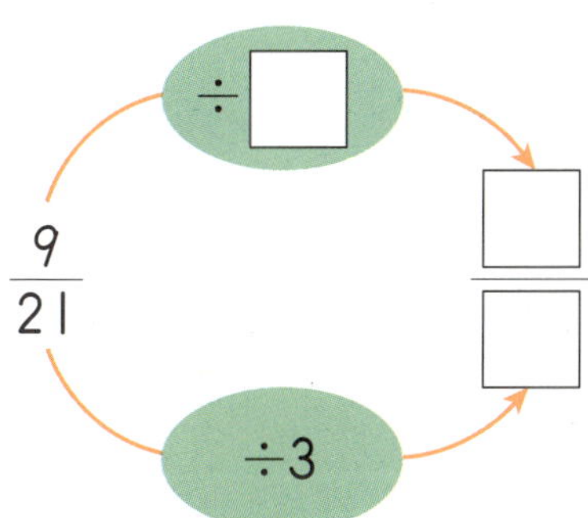

1-17b

🐸 □ 안에 알맞은 수를 써넣으시오. [5~8]

5 $\dfrac{2}{3} = \dfrac{2 \times 3}{3 \times 3} = \dfrac{\boxed{}}{\boxed{}}$

6 $\dfrac{3}{4} = \dfrac{3 \times 5}{4 \times 5} = \dfrac{\boxed{}}{\boxed{}}$

7 $\dfrac{1}{5} = \dfrac{1 \times 4}{5 \times \boxed{}} = \dfrac{\boxed{}}{\boxed{}}$

8 $\dfrac{5}{6} = \dfrac{5 \times \boxed{}}{6 \times \boxed{}} = \dfrac{40}{\boxed{}}$

🐸 □ 안에 알맞은 수를 써넣으시오. [9~12]

9 $\dfrac{4}{20} = \dfrac{4 \div 2}{20 \div 2} = \dfrac{\boxed{}}{\boxed{}}$

10 $\dfrac{3}{15} = \dfrac{3 \div 3}{15 \div 3} = \dfrac{\boxed{}}{\boxed{}}$

11 $\dfrac{21}{49} = \dfrac{21 \div 7}{49 \div \boxed{}} = \dfrac{\boxed{}}{\boxed{}}$

12 $\dfrac{22}{44} = \dfrac{22 \div \boxed{}}{44 \div \boxed{}} = \dfrac{1}{\boxed{}}$

🐸 □ 안에 알맞은 수를 써넣으시오. [13~16]

13 $\dfrac{1}{6} = \dfrac{4}{\boxed{}}$

14 $\dfrac{4}{7} = \dfrac{\boxed{}}{35}$

15 $\dfrac{9}{45} = \dfrac{1}{\boxed{}}$

16 $\dfrac{20}{56} = \dfrac{\boxed{}}{14}$

사고력 학습

★ 이름 :

★ 날짜 :

★ 시간 :　시　분 ~ 　시　분

◆ **크기가 같은 분수 만들기(2)** ◆

다음 분수와 크기가 같은 분수를 3개씩 쓰시오. [1~2]

1 $\dfrac{3}{7}$ ➡

2 $\dfrac{8}{9}$ ➡

분모와 분자를 공약수로 나누어 다음 분수와 크기가 같은 분수를 분모가 가장 큰 것부터 차례로 쓰시오. [3~4]

3 $\dfrac{16}{24}$ ➡

4 $\dfrac{90}{135}$ ➡

5 왼쪽의 분수와 크기가 같은 분수를 모두 찾아 ◯표 하시오.

$\dfrac{6}{18}$ ➡ $\qquad \dfrac{2}{6} \qquad \dfrac{16}{54} \qquad \dfrac{2}{9} \qquad \dfrac{24}{72} \qquad \dfrac{1}{3}$

사고력 학습

6 크기가 같은 분수끼리 짝지어진 것을 모두 찾아 기호를 쓰시오.

$$\bigcirc \left(\frac{6}{14}, \frac{36}{84}\right) \qquad \bigcirc \left(\frac{10}{15}, \frac{30}{42}\right)$$

$$\bigcirc \left(\frac{12}{63}, \frac{2}{9}\right) \qquad \bigcirc \left(\frac{9}{27}, \frac{3}{9}\right)$$

[답]

7 $\frac{3}{4}$ 과 크기가 같은 분수 중에서 분모가 50보다 크고 60보다 작은 분수를 모두 구하시오.

[답]

8 $\frac{48}{56}$ 과 크기가 같은 분수 중에서 분모가 7인 분수를 구하시오.

[답]

9 어떤 분수의 분모와 분자를 같은 수로 나누었더니 $\frac{7}{8}$ 이 되었습니다. 이 분수의 분모가 1000이라면 분자는 얼마인지 구하시오.

[답]

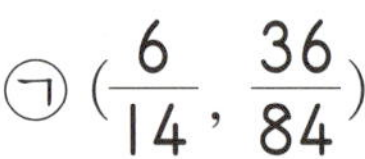 사고력 학습

I-19a

◆ 분수의 약분(1) ◆

- 분모와 분자를 그들의 공약수로 나누는 것을 **약분한다**고 합니다.
- 분모와 분자의 공약수가 I뿐인 분수를 **기약분수**라고 합니다.

1 36과 54의 공약수를 구하여 $\dfrac{36}{54}$ 을 약분하시오.

$$\frac{36}{54} = \frac{36 \div \boxed{}}{54 \div 2} = \frac{18}{\boxed{}}$$

$$\frac{36}{54} = \frac{36 \div \boxed{}}{54 \div 3} = \frac{\boxed{}}{18}$$

$$\frac{36}{54} = \frac{36 \div 6}{54 \div \boxed{}} = \frac{6}{\boxed{}}$$

$$\frac{36}{54} = \frac{36 \div 9}{54 \div \boxed{}} = \frac{\boxed{}}{6}$$

$$\frac{36}{54} = \frac{36 \div \boxed{}}{54 \div \boxed{}} = \frac{2}{\boxed{}}$$

2 $\dfrac{56}{84}$ 을 약분할 수 없는 수를 모두 찾아 쓰시오.

2	4	6	I4	28	32

[답]

🐸 보기 와 같이 기약분수로 나타내시오. [3~4]

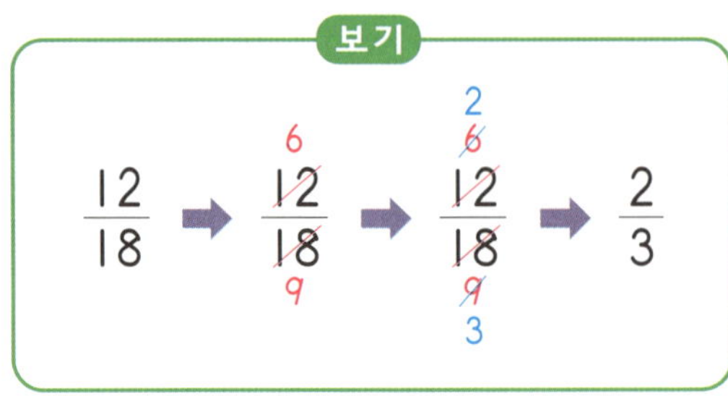

3 $\dfrac{8}{24}$

4 $\dfrac{40}{88}$

5 최대공약수로 약분하여 기약분수로 나타내려고 합니다. ☐ 안에 알맞은 수를 써넣으시오.

$$\begin{array}{c|cc} \boxed{} & 36 & 42 \\ \hline \boxed{} & 18 & 21 \\ \hline & 6 & 7 \end{array}$$

➡ $\dfrac{36}{42} = \dfrac{36 \div \boxed{}}{42 \div \boxed{}} = \dfrac{\boxed{}}{\boxed{}}$

최대공약수: $\boxed{} \times \boxed{} = \boxed{}$

6 다음 중 기약분수를 모두 찾아 ○표 하시오.

$$\dfrac{45}{63} \qquad \dfrac{11}{49} \qquad \dfrac{5}{10} \qquad \dfrac{24}{32} \qquad \dfrac{8}{15}$$

◆ 분수의 약분(2) ◆

분수를 약분하여 크기가 같고 서로 다른 분수를 여러 개 쓰시오. [1~3]

1 $\dfrac{12}{28}$ → $\dfrac{\square}{\square}$, $\dfrac{\square}{\square}$

2 $\dfrac{20}{40}$ → $\dfrac{\square}{\square}$, $\dfrac{\square}{\square}$, $\dfrac{\square}{\square}$, $\dfrac{\square}{\square}$, $\dfrac{\square}{\square}$

3 $\dfrac{32}{56}$ → $\dfrac{\square}{\square}$, $\dfrac{\square}{\square}$, $\dfrac{\square}{\square}$

다음 분수를 기약분수로 나타내시오. [4~7]

4 $\dfrac{12}{30}$

5 $\dfrac{26}{39}$

6 $\dfrac{48}{64}$

7 $\dfrac{36}{120}$

8 $\dfrac{24}{32}$ 를 약분하였더니 $\dfrac{3}{4}$ 이 되었습니다. 분모와 분자를 어떤 수로 나눈 것인지 구하시오.

[답]

9 약분하여 $\dfrac{5}{9}$ 가 되는 분수 중에서 분모가 가장 큰 두 자리 수인 분수를 구하시오.

[답]

10 민주는 색종이 128장 중에서 76장을 종이학을 만드는 데 사용하였습니다. 민주가 사용한 색종이는 전체의 몇 분의 몇인지 기약분수로 나타내시오.

[답]

11 분모가 15인 진분수 중에서 기약분수를 모두 쓰시오.

[답]

 사고력 학습

I-21a

◆ 분수의 통분(1) ◆

> 분수의 분모를 같게 하는 것을 통분한다고 하며, 통분한 분모를 공통분모라고 합니다.

다음 두 분수를 통분하려고 합니다. ☐ 안에 알맞은 수를 써넣으시오. [1~2]

1 $\dfrac{1}{2} = \dfrac{2}{4} = \dfrac{\square}{6} = \dfrac{4}{\square} = \dfrac{\square}{\square} = \dfrac{\square}{\square} = \dfrac{\square}{\square} = \cdots\cdots$

$\dfrac{2}{3} = \dfrac{\square}{6} = \dfrac{6}{\square} = \dfrac{\square}{\square} = \dfrac{\square}{\square} = \dfrac{\square}{\square} = \dfrac{\square}{\square} = \cdots\cdots$

$\dfrac{1}{2}$ 과 $\dfrac{2}{3}$ 를 통분하면 $\left(\dfrac{\square}{\square} ,\ \dfrac{\square}{\square} \right)$, $\left(\dfrac{\square}{\square} ,\ \dfrac{\square}{\square} \right)$, $\cdots\cdots$ 입니다.

이때 공통분모는 ☐ , ☐ , $\cdots\cdots$ 입니다.

2 $\dfrac{5}{6} = \dfrac{10}{12} = \dfrac{\square}{18} = \dfrac{20}{\square} = \dfrac{\square}{\square} = \dfrac{\square}{\square} = \dfrac{\square}{\square} = \cdots\cdots$

$\dfrac{3}{8} = \dfrac{\square}{16} = \dfrac{9}{\square} = \dfrac{\square}{\square} = \dfrac{\square}{\square} = \dfrac{\square}{\square} = \cdots\cdots$

$\dfrac{5}{6}$ 와 $\dfrac{3}{8}$ 을 통분하면 $\left(\dfrac{\square}{\square} ,\ \dfrac{\square}{\square} \right)$, $\left(\dfrac{\square}{\square} ,\ \dfrac{\square}{\square} \right)$, $\cdots\cdots$ 입니다.

이때 공통분모는 ☐ , ☐ , $\cdots\cdots$ 입니다.

🐸 두 분수를 통분하시오. [3~4]

3 $(\frac{1}{3}, \frac{4}{5})$ ➡ $(\dfrac{\square}{15}, \dfrac{\square}{15})$, $(\dfrac{\square}{30}, \dfrac{\square}{30})$, $(\dfrac{\square}{45}, \dfrac{\square}{45})$, ...

4 $(\frac{5}{9}, \frac{8}{15})$ ➡ $(\dfrac{\square}{45}, \dfrac{\square}{45})$, $(\dfrac{\square}{90}, \dfrac{\square}{90})$, $(\dfrac{\square}{135}, \dfrac{\square}{135})$, ...

🐸 두 분수를 주어진 공통분모로 통분하시오. [5~8]

5 $(\frac{1}{2}, \frac{2}{5})$ ➡ $(\dfrac{\square}{10}, \dfrac{\square}{10})$

6 $(\frac{5}{6}, \frac{7}{9})$ ➡ $(\dfrac{\square}{18}, \dfrac{\square}{18})$

7 $(\frac{5}{8}, \frac{5}{12})$ ➡ $(\dfrac{\square}{48}, \dfrac{\square}{48})$

8 $(\frac{11}{20}, \frac{9}{30})$ ➡ $(\dfrac{\square}{300}, \dfrac{\square}{300})$

I-22a

◆ **분수의 통분(2)** ◆

1 $\frac{1}{6}$ 과 $\frac{3}{10}$ 을 2가지 방법으로 통분하려고 합니다. 물음에 답하시오.

(1) 분모 6과 10의 곱을 공통분모로 하여 통분하시오.

$$\frac{1}{6} = \frac{1 \times \square}{6 \times 10} = \frac{\square}{\square} \ , \ \frac{3}{10} = \frac{3 \times \square}{10 \times 6} = \frac{\square}{\square}$$

따라서 $(\frac{1}{6}, \frac{3}{10})$ 을 통분하면 $(\frac{\square}{\square}, \frac{\square}{\square})$ 입니다.

(2) 분모 6과 10의 최소공배수를 공통분모로 하여 통분하시오.

$$\frac{1}{6} = \frac{1 \times \square}{6 \times 5} = \frac{\square}{\square} \ , \ \frac{3}{10} = \frac{3 \times \square}{10 \times 3} = \frac{\square}{\square}$$

따라서 $(\frac{1}{6}, \frac{3}{10})$ 을 통분하면 $(\frac{\square}{\square}, \frac{\square}{\square})$ 입니다.

🐸 분모의 곱을 공통분모로 하여 통분하시오. [2~5]

2 $(\frac{3}{4}, \frac{4}{5})$ ➡ (　　 , 　　)　　　　**3** $(\frac{5}{7}, \frac{2}{3})$ ➡ (　　 , 　　)

4 $(\frac{7}{8}, \frac{2}{9})$ ➡ (　　 , 　　)　　　　**5** $(\frac{6}{11}, \frac{7}{12})$ ➡ (　　 , 　　)

🐸 분모의 최소공배수를 공통분모로 하여 통분하시오. [6~11]

6 $\left(\dfrac{1}{4},\ \dfrac{3}{8}\right)$ ➡ (,) **7** $\left(\dfrac{4}{9},\ \dfrac{11}{12}\right)$ ➡ (,)

8 $\left(\dfrac{1}{12},\ \dfrac{9}{16}\right)$ ➡ (,) **9** $\left(\dfrac{7}{18},\ \dfrac{13}{24}\right)$ ➡ (,)

10 $\left(3\dfrac{2}{9},\ 4\dfrac{5}{6}\right)$ ➡ (,) **11** $\left(2\dfrac{4}{15},\ 5\dfrac{3}{20}\right)$ ➡ (,)

🐸 두 분수를 통분하시오. [12~15]

12 $\left(\dfrac{1}{3},\ \dfrac{4}{9}\right)$ ➡ (,) **13** $\left(\dfrac{5}{6},\ \dfrac{3}{8}\right)$ ➡ (,)

14 $\left(1\dfrac{7}{10},\ 3\dfrac{9}{14}\right)$ ➡ (,) **15** $\left(5\dfrac{3}{4},\ 11\dfrac{1}{6}\right)$ ➡ (,)

사고력 학습

I-23a

◆ **분수의 통분(3)** ◆

1 $\dfrac{4}{9}$와 $\dfrac{5}{12}$를 통분할 때, 공통분모가 될 수 있는 수를 작은 것부터 3개 쓰시오.

[답]

2 $\left(\dfrac{8}{15},\ \dfrac{13}{18}\right)$을 통분하려고 합니다. 공통분모가 될 수 없는 것을 모두 찾아 기호를 쓰시오.

| ㉠ 30 | ㉡ 90 | ㉢ 120 | ㉣ 180 |

[답]

3 두 분수를 통분한 것입니다. □ 안에 알맞은 수를 써넣으시오.

$$\left(\dfrac{5}{\Box},\ \dfrac{6}{7}\right) \Rightarrow \left(\dfrac{35}{63},\ \dfrac{\Box}{\Box}\right)$$

사고력 학습

4 $1\frac{5}{6}$와 $1\frac{7}{8}$을 통분하려고 합니다. 공통분모를 가장 작은 수로 하여 통분하시오.

[답]

5 분모의 최소공배수를 공통분모로 하여 통분할 때, 공통분모가 가장 큰 것을 찾아 기호를 쓰시오.

$$\bigcirc \left(\frac{2}{5}, \frac{9}{20}\right) \qquad \bigcirc \left(1\frac{5}{8}, 2\frac{11}{14}\right) \qquad \bigcirc \left(\frac{7}{18}, \frac{4}{27}\right)$$

[답]

6 $\frac{4}{5}$와 $\frac{7}{9}$을 통분하려고 합니다. 공통분모가 가장 작은 세 자리 수가 되도록 통분하시오.

[답]

I-24a

◆ 분수의 통분(4) ◆

1 $\dfrac{2}{3}$, $\dfrac{1}{4}$, $\dfrac{5}{6}$ 를 3가지 방법으로 통분하려고 합니다. 물음에 답하시오.

(1) 크기가 같은 분수를 만들어 통분하시오.

$$\dfrac{2}{3} = \dfrac{4}{6} = \dfrac{\square}{9} = \dfrac{8}{\square} = \dfrac{\square}{\square} = \dfrac{\square}{\square} = \dfrac{\square}{\square} = \dfrac{\square}{\square} = \cdots\cdots$$

$$\dfrac{1}{4} = \dfrac{2}{8} = \dfrac{\square}{12} = \dfrac{4}{\square} = \dfrac{\square}{\square} = \dfrac{\square}{\square} = \dfrac{\square}{\square} = \dfrac{\square}{\square} = \cdots\cdots$$

$$\dfrac{5}{6} = \dfrac{10}{12} = \dfrac{\square}{18} = \dfrac{20}{\square} = \dfrac{\square}{\square} = \dfrac{\square}{\square} = \dfrac{\square}{\square} = \dfrac{\square}{\square} = \cdots\cdots$$

$$\left(\dfrac{2}{3},\ \dfrac{1}{4},\ \dfrac{5}{6}\right) \rightarrow \left(\dfrac{\square}{\square},\ \dfrac{\square}{\square},\ \dfrac{\square}{\square}\right),\ \left(\dfrac{\square}{\square},\ \dfrac{\square}{\square},\ \dfrac{\square}{\square}\right),\ \cdots\cdots$$

(2) 분모 3, 4, 6의 곱을 공통분모로 하여 통분하시오.

$$\left(\dfrac{2}{3},\ \dfrac{1}{4},\ \dfrac{5}{6}\right) \rightarrow \left(\dfrac{\square}{\square},\ \dfrac{\square}{\square},\ \dfrac{\square}{\square}\right)$$

(3) 분모 3, 4, 6의 최소공배수를 공통분모로 하여 통분하시오.

$$\left(\dfrac{2}{3},\ \dfrac{1}{4},\ \dfrac{5}{6}\right) \rightarrow \left(\dfrac{\square}{\square},\ \dfrac{\square}{\square},\ \dfrac{\square}{\square}\right)$$

사고력 학습

🐸 세 분수를 통분한 것입니다. ☐ 안에 알맞은 수를 써넣으시오. [2~3]

2 $\left(\dfrac{1}{2},\ \dfrac{3}{5},\ \dfrac{1}{6}\right)$ ➡ $\left(\dfrac{\boxed{}}{30},\ \dfrac{\boxed{}}{30},\ \dfrac{\boxed{}}{30}\right)$

3 $\left(\dfrac{\boxed{}}{4},\ \dfrac{7}{10},\ \dfrac{8}{15}\right)$ ➡ $\left(\dfrac{90}{120},\ \dfrac{\boxed{}}{120},\ \dfrac{\boxed{}}{120}\right)$

🐸 세 분모의 최소공배수를 공통분모로 하여 통분하시오. [4~5]

4 $\left(\dfrac{2}{3},\ \dfrac{4}{9},\ \dfrac{7}{12}\right)$ ➡ $(\qquad,\qquad,\qquad)$

5 $\left(1\dfrac{1}{6},\ 2\dfrac{5}{8},\ 3\dfrac{9}{10}\right)$ ➡ $(\qquad,\qquad,\qquad)$

 사고력 학습

I-25a

◆ 분수의 크기 비교(1) ◆

두 분수의 크기를 비교하려고 합니다. □ 안에 알맞은 수를 써넣고 ○ 안에 >,
=, <를 알맞게 써넣으시오. [1~4]

1 $\left(\dfrac{2}{3}, \dfrac{4}{5}\right)$ → $\left(\dfrac{\square}{15}, \dfrac{\square}{15}\right)$ → $\dfrac{2}{3}$ ○ $\dfrac{4}{5}$

2 $\left(\dfrac{3}{4}, \dfrac{5}{6}\right)$ → $\left(\dfrac{9}{\square}, \dfrac{\square}{12}\right)$ → $\dfrac{3}{4}$ ○ $\dfrac{5}{6}$

3 $\left(\dfrac{5}{8}, \dfrac{7}{12}\right)$ → $\left(\dfrac{\square}{24}, \dfrac{\square}{\square}\right)$ → $\dfrac{5}{8}$ ○ $\dfrac{7}{12}$

4 $\left(1\dfrac{4}{9}, 1\dfrac{8}{15}\right)$ → $\left(1\dfrac{\square}{45}, 1\dfrac{24}{\square}\right)$ → $1\dfrac{4}{9}$ ○ $1\dfrac{8}{15}$

사고력 학습

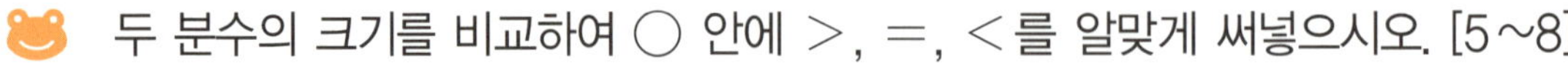

🐸 두 분수의 크기를 비교하여 ○ 안에 >, =, <를 알맞게 써넣으시오. [5~8]

5 $\dfrac{5}{6}$ ○ $\dfrac{7}{10}$

6 $\dfrac{9}{14}$ ○ $\dfrac{13}{18}$

7 $\dfrac{17}{20}$ ○ $\dfrac{11}{12}$

8 $3\dfrac{4}{7}$ ○ $3\dfrac{5}{9}$

9 두 분수의 크기를 비교하여 더 큰 분수를 위쪽의 □ 안에 써넣으시오.

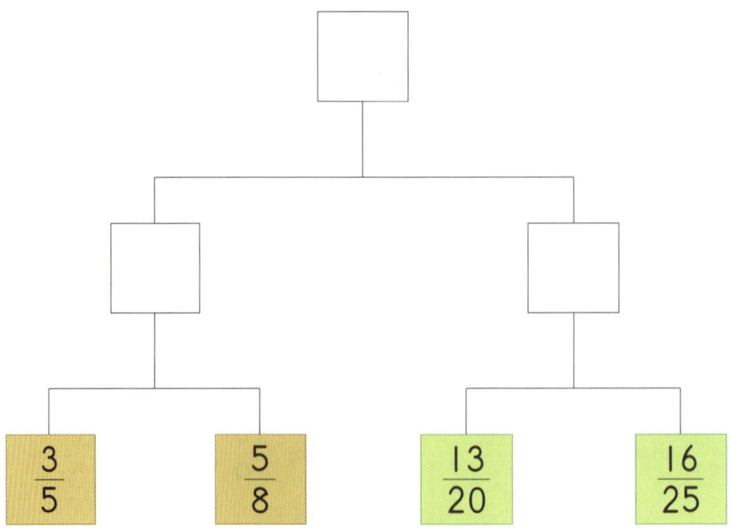

I-26a

◆ **분수의 크기 비교(2)** ◆

1 세 분수 $\dfrac{3}{10}$, $\dfrac{4}{15}$, $\dfrac{7}{18}$ 의 크기를 비교하려고 합니다. □ 안에 알맞은 수를 써 넣고 ○ 안에 >, =, <를 알맞게 써넣으시오.

$$\left(\dfrac{3}{10}, \dfrac{4}{15}\right) \Rightarrow \dfrac{\square}{30} \bigcirc \dfrac{\square}{30} \Rightarrow \dfrac{3}{10} \bigcirc \dfrac{4}{15}$$

$$\left(\dfrac{4}{15}, \dfrac{7}{18}\right) \Rightarrow \dfrac{\square}{90} \bigcirc \dfrac{\square}{90} \Rightarrow \dfrac{4}{15} \bigcirc \dfrac{7}{18}$$

$$\left(\dfrac{3}{10}, \dfrac{7}{18}\right) \Rightarrow \dfrac{\square}{90} \bigcirc \dfrac{\square}{90} \Rightarrow \dfrac{3}{10} \bigcirc \dfrac{7}{18}$$

$$\left(\dfrac{3}{10}, \dfrac{4}{15}, \dfrac{7}{18}\right) \Rightarrow \dfrac{\square}{\square} < \dfrac{\square}{\square} < \dfrac{\square}{\square}$$

2 세 분수 $\dfrac{3}{8}$, $\dfrac{2}{9}$, $\dfrac{5}{12}$ 를 한꺼번에 통분하여 크기를 비교하려고 합니다. □ 안에 알맞은 수를 써넣으시오.

$$\left(\dfrac{3}{8}, \dfrac{2}{9}, \dfrac{5}{12}\right) \Rightarrow \left(\dfrac{\square}{72}, \dfrac{\square}{72}, \dfrac{\square}{72}\right) \Rightarrow \dfrac{\square}{72} < \dfrac{\square}{72} < \dfrac{\square}{72}$$

$$\left(\dfrac{3}{8}, \dfrac{2}{9}, \dfrac{5}{12}\right) \Rightarrow \dfrac{\square}{\square} < \dfrac{\square}{\square} < \dfrac{\square}{\square}$$

사고력 학습

🐸 세 분수의 크기를 비교하여 큰 수부터 차례로 쓰시오. [3~5]

3 $\left(\dfrac{3}{4}, \dfrac{4}{5}, \dfrac{5}{6}\right)$ ➡ (,   ,   )

4 $\left(\dfrac{3}{5}, \dfrac{5}{9}, \dfrac{7}{10}\right)$ ➡ (,   ,   )

5 $\left(\dfrac{5}{8}, \dfrac{7}{12}, \dfrac{8}{15}\right)$ ➡ (,   ,   )

6 가장 큰 수에 ○표, 가장 작은 수에 △표 하시오.

$$\dfrac{13}{21} \qquad\qquad \dfrac{7}{8} \qquad\qquad \dfrac{9}{14}$$

◆ **분수의 크기 비교(3)** ◆

1 물통이 2개 있습니다. ㉮ 물통에는 $\dfrac{3}{5}$ L만큼, ㉯ 물통에는 $\dfrac{7}{8}$ L만큼 물이 들어 있습니다. 물이 더 많이 들어 있는 물통은 어느 것입니까?

[답]

2 진영이네 집에서 학교까지의 거리는 $4\dfrac{3}{10}$ km이고, 공원까지의 거리는 $4\dfrac{8}{15}$ km입니다. 진영이네 집에서 더 가까운 곳은 어느 곳입니까?

[답]

3 □ 안에 들어갈 수 있는 자연수는 모두 몇 개입니까?

$$\dfrac{\square}{32} < \dfrac{19}{40}$$

[답]

사고력 학습

4 $\dfrac{1}{2}$ 보다 큰 분수를 모두 찾아 기호를 쓰시오.

> ㉠ $\dfrac{4}{7}$　　　㉡ $\dfrac{5}{12}$　　　㉢ $\dfrac{3}{5}$　　　㉣ $\dfrac{11}{30}$

[답]

5 경원이는 오늘 $\dfrac{1}{2}$ 시간 동안 독서를 하고, $\dfrac{2}{3}$ 시간 동안 피아노를 연주했고, $\dfrac{3}{5}$ 시간 동안 숙제를 하였습니다. 경원이가 오늘 한 일 중에서 가장 오랫동안 한 일은 무엇입니까?

[답]

6 파란색 리본이 $15\dfrac{7}{12}$ m, 빨간색 리본이 $15\dfrac{9}{16}$ m, 노란색 리본이 $15\dfrac{11}{20}$ m 있습니다. 길이가 가장 긴 리본은 어느 것입니까?

[답]

사고력 학습

🔵 창의력 학습

다음 숫자 카드를 모두 한 번씩만 사용하여 크기가 같은 분수 3개를 만들려고 합니다. ☐ 안에 알맞은 수를 써넣으시오.

$$\frac{2}{6} = \frac{\boxed{}}{\boxed{}} = \frac{5\,\boxed{}}{\boxed{}\,\boxed{}\,\boxed{}}$$

혜영이와 정환이는 종이비행기를 만들었습니다. 이 두 사람이 각자 만든 종이비행기를 운동장에서 날려 보았더니 혜영이의 종이비행기는 $1\frac{7}{8}$분 동안, 정환이의 종이비행기는 112초 동안 하늘에 떠 있었습니다. 더 오랫동안 하늘에 떠 있던 종이비행기는 누구의 것입니까?

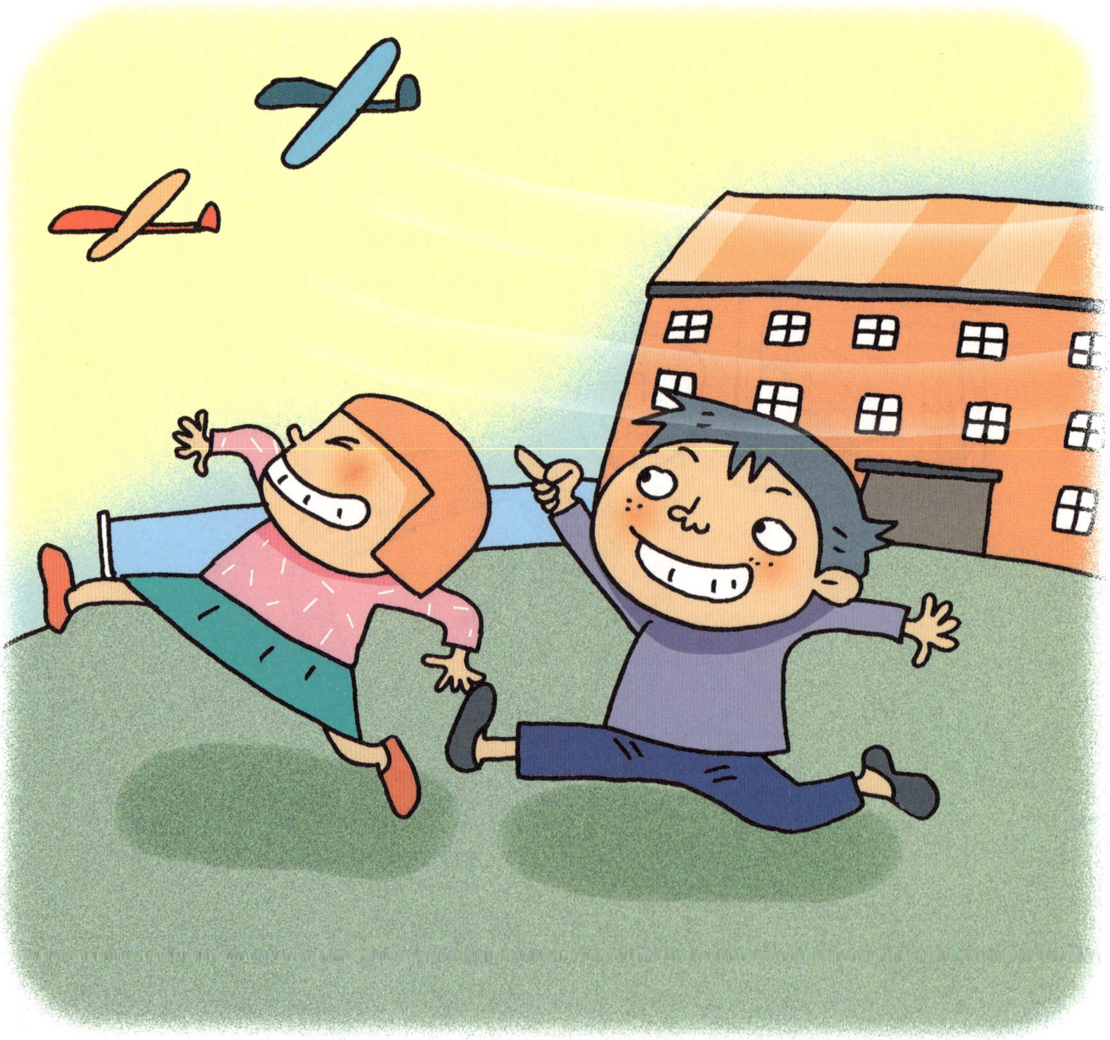

[답]

 경시대회 예상문제

1 $\dfrac{3}{8}$ 은 $\dfrac{1}{40}$ 이 몇 개인 것과 같습니까?

[답]

2 다음 조건을 모두 만족하는 분수를 구하시오.

> • 분모와 분자의 차는 20입니다.
> • 기약분수로 나타내면 $\dfrac{7}{11}$ 입니다.

[답]

3 어떤 분수의 분모에서 4를 뺀 후 5로 약분하였더니 $\dfrac{5}{9}$ 가 되었습니다. 어떤 분수를 구하시오.

[답]

서술형·논술형

4 다음 숫자 카드 중에서 2장을 뽑아 각각 분모와 분자로 하는 진분수를 만들려고 합니다. 만들 수 있는 진분수 중에서 기약분수를 모두 구하려고 합니다. 풀이 과정을 쓰고 답을 구하시오.

[답]

5 어떤 두 기약분수를 통분하였더니 $\dfrac{52}{117}$ 와 $\dfrac{72}{117}$ 가 되었습니다. 통분하기 전의 두 기약분수를 구하시오.

[답]

6 $\dfrac{1}{5}$ 과 $\dfrac{2}{7}$ 사이에 있는 분수 중에서 분모가 35인 분수를 모두 쓰시오.

[답]

7 $\frac{3}{14}$ 보다 크고 $\frac{5}{16}$ 보다 작은 분수 중에서 분모가 112인 기약분수는 모두 몇 개입니까?

[답]

8 영주의 몸무게는 $42\frac{4}{7}$ kg이고, 진호의 몸무게는 $42\frac{5}{9}$ kg입니다. 몸무게가 더 무거운 사람은 누구입니까?

[답]

9 서영이네 주말 농장에 전체의 $\frac{3}{8}$ 에는 양파를 심고, 전체의 $\frac{5}{12}$ 에는 배추를 심고 나머지는 감자를 심었습니다. 가장 많이 심은 것은 무엇입니까?

[답]

경시대회 예상문제

10 □ 안에 들어갈 수 있는 자연수를 구하시오.

$$\frac{4}{7} > \frac{24}{\square} > \frac{6}{11}$$

[답]

11 다음 그림에 ㉠, ㉡, ㉢을  으로 나타내시오.

ㄱ $1\frac{3}{4}$　　　　ㄴ $\frac{7}{8}$　　　　ㄷ $\frac{1}{2}$

12 다음 분수들을 작은 수부터 차례로 쓰려고 합니다. 풀이 과정을 쓰고 답을 구하시오.

$$\frac{4}{5} \qquad \frac{7}{9} \qquad \frac{9}{14} \qquad \frac{13}{18}$$

[답]

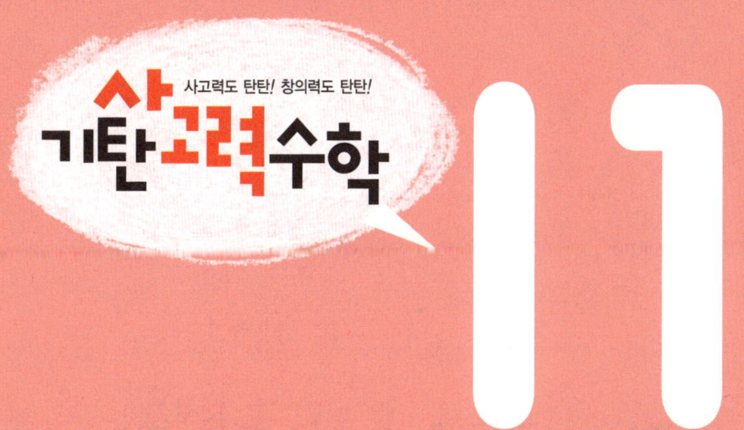

학습 관리표

학습 내용		이번 주는?
분수의 덧셈과 뺄셈	· 진분수의 덧셈 · 대분수의 덧셈 · 진분수의 뺄셈 · 대분수의 뺄셈 · 세 분수의 덧셈과 뺄셈 · 창의력 학습 · 경시대회 예상문제	• 학습 방법 : ① 매일매일　② 가끔　③ 한꺼번에 　하였습니다. • 학습 태도 : ① 스스로 잘　② 시켜서 억지로 　하였습니다. • 학습 흥미 : ① 재미있게　② 싫증내며 　하였습니다. • 교재 내용 : ① 적합하다고　② 어렵다고　③ 쉽다고 　하였습니다.
지도 교사가 부모님께		**부모님이 지도 교사께**
평가	Ⓐ 아주 잘함　　　Ⓑ 잘함　　　Ⓒ 보통　　　Ⓓ 부족함	

원(교)　　　　반　이름　　　　전화

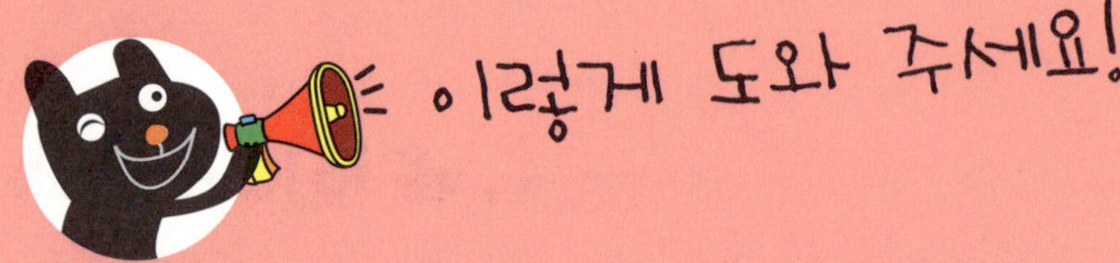

● 학습 목표
– 분모가 다른 진분수의 덧셈과 뺄셈의 계산 원리와 형식을 이해하고 계산할 수 있습니다.
– 분모가 다른 대분수의 덧셈과 뺄셈의 계산 원리와 형식을 이해하고 계산할 수 있습니다.
– 분모가 다른 세 분수의 덧셈과 뺄셈, 혼합 계산의 원리를 알고 계산할 수 있습니다.
– 분모가 다른 분수의 덧셈과 뺄셈을 이용하여 문장으로 된 문제를 해결할 수 있습니다.

● 지도 내용
– 진분수의 덧셈을 그림으로 나타내어 계산해 봅니다.
– 진분수의 덧셈은 두 분수를 통분한 다음 분자끼리 더하여 계산해 봅니다.
– 대분수의 덧셈을 그림으로 나타내어 계산해 봅니다.
– 대분수의 덧셈은 두 분수를 통분한 다음 자연수는 자연수끼리 더하고, 분수는 분수끼리 더하여 계산해 봅니다.
– 진분수의 뺄셈을 그림으로 나타내어 계산해 봅니다.
– 진분수의 뺄셈은 두 분수를 통분한 다음 분자끼리 뺄셈을 하여 계산해 봅니다.
– 대분수의 뺄셈을 그림으로 나타내어 계산해 봅니다.
– 대분수의 뺄셈은 두 분수를 통분한 다음 자연수는 자연수끼리 뺄셈을 하고, 분수는 분수끼리 뺄셈을 하여 계산하거나 대분수를 가분수로 나타내어 계산해 봅니다.
– 세 분수의 덧셈과 뺄셈은 앞의 두 분수씩 통분하여 차례로 계산하거나 세 분수를 한꺼번에 통분하여 계산해 봅니다.

● 지도 요점
분모가 같은 분수의 덧셈, 뺄셈은 이미 H–4에서 학습하였습니다. 이를 바탕으로 통분하면 분모가 다른 분수를 분모가 같은 분수로 고칠 수 있다는 것을 이용하여 분모가 다른 분수의 덧셈과 뺄셈을 해결하게 합니다.
분모가 다른 진분수의 덧셈과 뺄셈, 대분수의 덧셈과 뺄셈, 세 분수의 덧셈과 뺄셈 등 유형별로 계산 원리와 방법을 알고 계산할 수 있도록 합니다.

✿ 이름 :

✿ 날짜 :

✿ 시간 :　　시　　분 ～　　시　　분

◆ 진분수의 덧셈(1) ◆

1 그림을 보고 $\dfrac{1}{2} + \dfrac{2}{5}$ 는 얼마인지 ☐ 안에 알맞은 수를 써넣으시오.

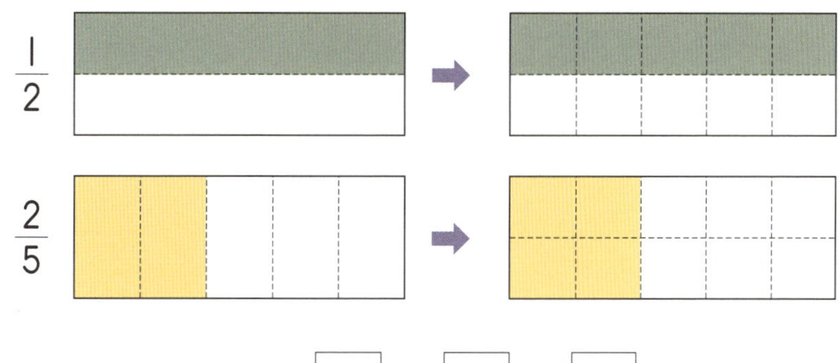

$$\dfrac{1}{2} + \dfrac{2}{5} = \dfrac{\boxed{}}{10} + \dfrac{\boxed{}}{10} = \dfrac{\boxed{}}{10}$$

🐸 그림에 알맞게 색칠하고, ☐ 안에 알맞은 수를 써넣으시오. [2~3]

2

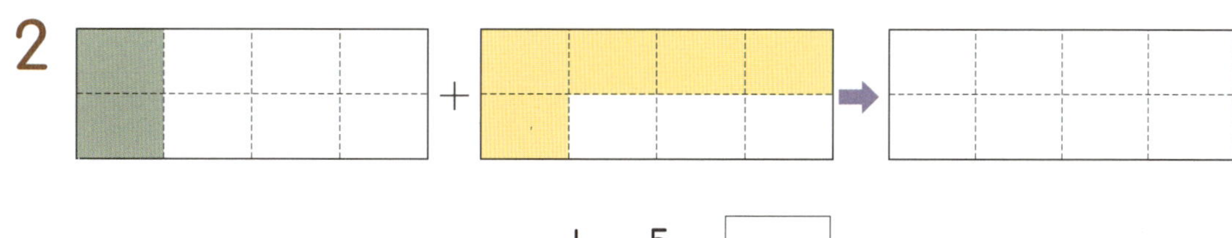

$$\dfrac{1}{4} + \dfrac{5}{8} = \boxed{}$$

3

$$\dfrac{2}{3} + \dfrac{3}{4} = \boxed{}$$

🐸 □ 안에 알맞은 수를 써넣으시오. [4~7]

4 $\dfrac{1}{3} + \dfrac{1}{6} = \dfrac{1 \times \square}{3 \times \square} + \dfrac{1}{6} = \dfrac{\square}{6} + \dfrac{\square}{6} = \dfrac{\square}{6} = \dfrac{\square}{2}$

5 $\dfrac{3}{5} + \dfrac{2}{7} = \dfrac{3 \times \square}{5 \times \square} + \dfrac{2 \times \square}{7 \times \square} = \dfrac{\square}{35} + \dfrac{\square}{35} = \boxed{}$

6 $\dfrac{1}{4} + \dfrac{8}{9} = \dfrac{1 \times \square}{4 \times \square} + \dfrac{8 \times \square}{9 \times \square} = \dfrac{\square}{36} + \dfrac{\square}{36} = \dfrac{\square}{36} = \square\dfrac{\square}{36}$

7 $\dfrac{5}{8} + \dfrac{7}{10} = \dfrac{5 \times \square}{8 \times \square} + \dfrac{7 \times \square}{10 \times \square} = \dfrac{\square}{40} + \dfrac{\square}{40} = \dfrac{\square}{40} = \square\dfrac{\square}{40}$

사고력 학습

I-32a

✿ 이름 :
✿ 날짜 :
✿ 시간 :   시   분 ~   시   분

◆ **진분수의 덧셈(2)** ◆

다음을 계산하시오. [1~4]

1 $\dfrac{1}{4} + \dfrac{2}{9}$

2 $\dfrac{3}{10} + \dfrac{8}{15}$

3 $\dfrac{5}{6} + \dfrac{3}{8}$

4 $\dfrac{4}{7} + \dfrac{4}{5}$

사고력 학습

5

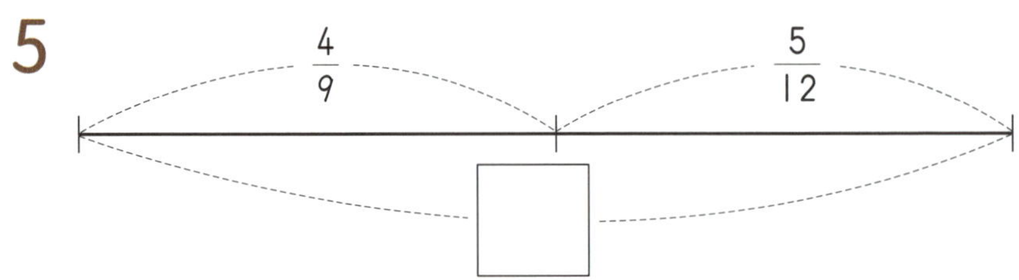

6

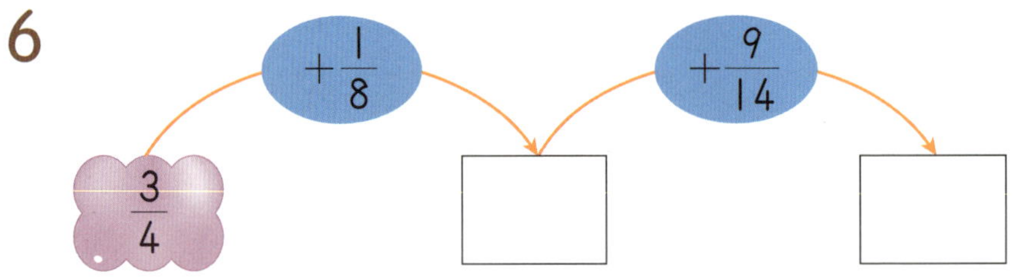

7 미술시간에 철사를 사용하여 만들기를 하였습니다. 연우는 철사를 $\dfrac{3}{5}$ m 사용하였고, 민정이는 철사를 $\dfrac{5}{9}$ m 사용하였습니다, 두 사람이 사용한 철사는 모두 몇 m입니까?

[답]

사고력 학습

◆ 대분수의 덧셈(1) ◆

1 그림을 보고 $1\frac{1}{4}+1\frac{1}{2}$ 은 얼마인지 ☐ 안에 알맞은 수를 써넣으시오.

$$1\frac{1}{4}+1\frac{1}{2}=1\frac{1}{4}+1\frac{\boxed{}}{4}=\boxed{}\frac{\boxed{}}{4}$$

그림에 알맞게 색칠하고, ☐ 안에 알맞은 수를 써넣으시오. [2~3]

2

$$1\frac{1}{3}+2\frac{2}{5}=\boxed{}$$

3

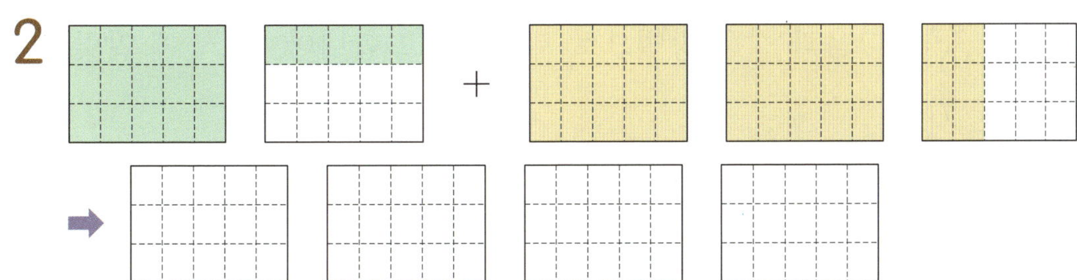

$$1\frac{5}{6}+1\frac{3}{4}=\boxed{}$$

🐸 □ 안에 알맞은 수를 써넣으시오. [4~5]

4 $1\dfrac{1}{2}+1\dfrac{1}{3}=1\dfrac{\square}{6}+1\dfrac{\square}{6}=(1+1)+\left(\dfrac{\square}{6}+\dfrac{\square}{6}\right)=\square+\dfrac{\square}{6}$

$\qquad=\square\dfrac{\square}{6}$

5 $2\dfrac{2}{3}+3\dfrac{5}{7}=2\dfrac{\square}{21}+3\dfrac{\square}{21}=(2+\square)+\left(\dfrac{\square}{21}+\dfrac{\square}{21}\right)$

$\qquad=\square+\dfrac{\square}{21}=\square+1\dfrac{\square}{21}=\square\dfrac{\square}{21}$

6 $3\dfrac{1}{4}+4\dfrac{3}{10}$ 을 다음과 같은 방법으로 계산하려고 합니다. □ 안에 알맞은 수를 써넣으시오.

(1) $3\dfrac{1}{4}+4\dfrac{3}{10}=\square\dfrac{\square}{20}+\square\dfrac{\square}{20}=(\square+\square)+\left(\dfrac{\square}{20}+\dfrac{\square}{20}\right)$

$\qquad=\square+\dfrac{\square}{\square}=\square\dfrac{\square}{\square}$

(2) $3\dfrac{1}{4}+4\dfrac{3}{10}=\dfrac{\square}{4}+\dfrac{\square}{10}=\dfrac{\square}{20}+\dfrac{\square}{20}=\dfrac{\square}{20}$

$\qquad=\square\dfrac{\square}{\square}$

✿ 이름 :
✿ 날짜 :
✿ 시간 :　시　분~　시　분

확인

◆ 대분수의 덧셈(2) ◆

다음을 계산하시오. [1~4]

1 $1\dfrac{1}{4} + 2\dfrac{1}{8}$

2 $4\dfrac{2}{3} + 2\dfrac{4}{5}$

3 $3\dfrac{1}{2} + 3\dfrac{5}{7}$

4 $2\dfrac{5}{6} + 5\dfrac{3}{10}$

사고력 학습

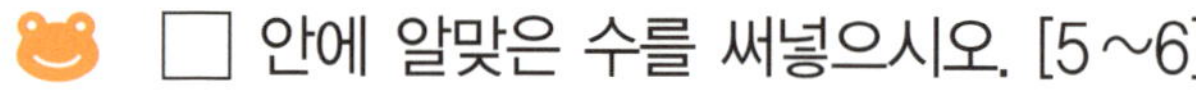

□ 안에 알맞은 수를 써넣으시오. [5~6]

5 $5\frac{5}{9}$

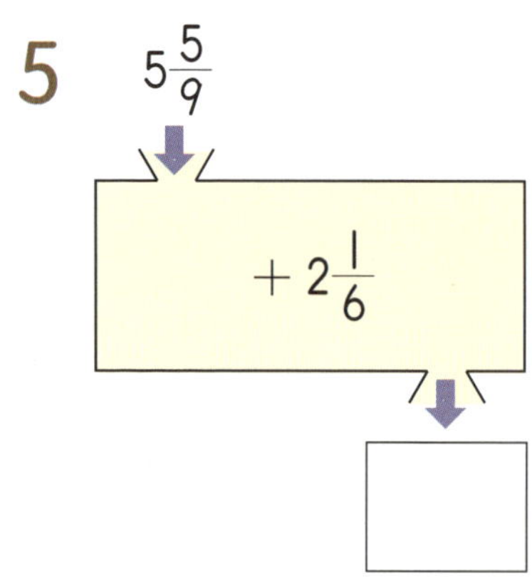

6 $3\frac{7}{10}$

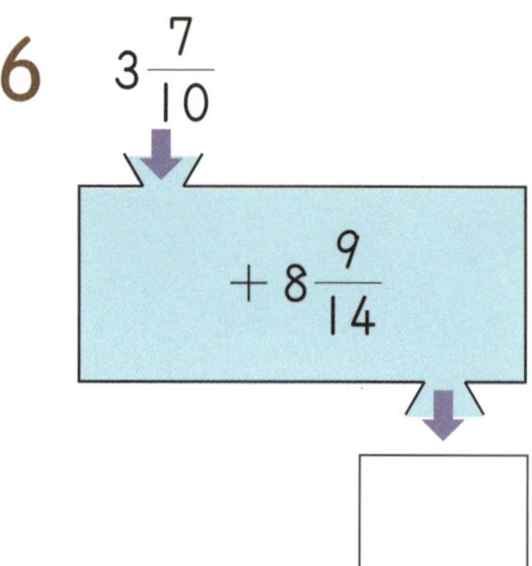

7 계산 결과가 더 큰 것의 기호를 쓰시오.

$$\text{㉠ } 3\frac{7}{8}+4\frac{5}{12} \qquad \text{㉡ } 5\frac{1}{4}+2\frac{5}{6}$$

[답]

8 빨간색 구슬 $3\frac{2}{5}$ kg과 파란색 구슬 $2\frac{7}{10}$ kg을 주머니에 담았습니다. 주머니에 담은 구슬은 모두 몇 kg입니까?

[답]

 사고력 학습

🌸 이름 :

🌸 날짜 :

🌸 시간 :　시　분 ～　시　분

확인

◆ **진분수의 뺄셈(1)** ◆

1 그림을 보고 $\dfrac{1}{2} - \dfrac{1}{3}$ 은 얼마인지 ☐ 안에 알맞은 수를 써넣으시오.

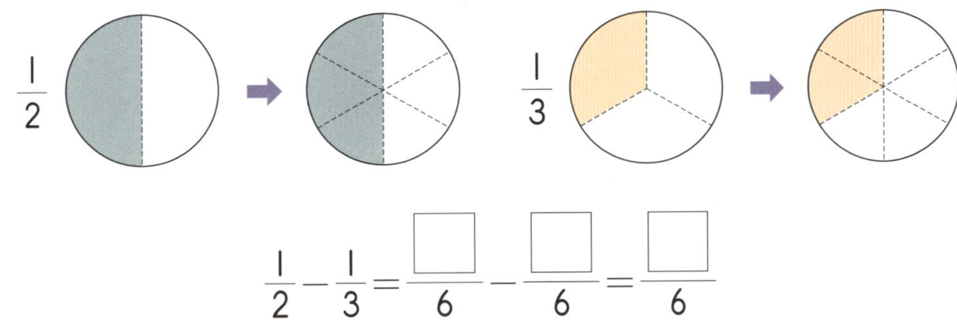

$$\frac{1}{2} - \frac{1}{3} = \frac{\square}{6} - \frac{\square}{6} = \frac{\square}{6}$$

🐸 그림에 알맞게 색칠하고, ☐ 안에 알맞은 수를 써넣으시오. [2~3]

2

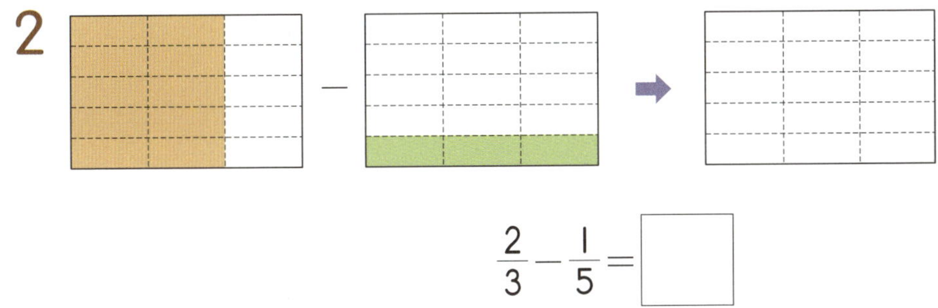

$$\frac{2}{3} - \frac{1}{5} = \boxed{}$$

3

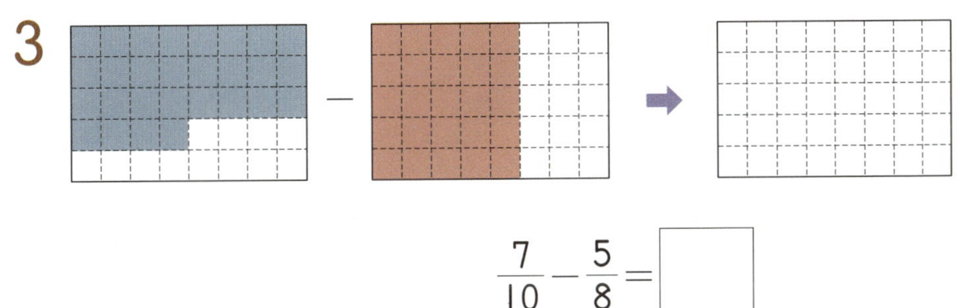

$$\frac{7}{10} - \frac{5}{8} = \boxed{}$$

사고력 학습

🐸 ☐ 안에 알맞은 수를 써넣으시오. [4~7]

4 $\dfrac{3}{4} - \dfrac{1}{8} = \dfrac{3 \times \square}{4 \times \square} - \dfrac{\square}{8} = \dfrac{\square}{8} - \dfrac{\square}{8} = \square$

5 $\dfrac{4}{5} - \dfrac{3}{7} = \dfrac{4 \times \square}{5 \times \square} - \dfrac{3 \times \square}{7 \times \square} = \dfrac{\square}{35} - \dfrac{\square}{35} = \square$

6 $\dfrac{5}{6} - \dfrac{3}{8} = \dfrac{5 \times \square}{6 \times \square} - \dfrac{3 \times \square}{8 \times \square} = \dfrac{\square}{24} - \dfrac{\square}{24} = \square$

7 $\dfrac{11}{15} - \dfrac{7}{10} = \dfrac{11 \times \square}{15 \times \square} - \dfrac{7 \times \square}{10 \times \square} = \dfrac{\square}{30} - \dfrac{\square}{30} = \square$

사고력 학습

◆ 진분수의 뺄셈(2) ◆

🐸 다음을 계산하시오. [1~4]

1 $\dfrac{2}{3} - \dfrac{5}{8}$

2 $\dfrac{3}{4} - \dfrac{1}{6}$

3 $\dfrac{9}{10} - \dfrac{3}{5}$

4 $\dfrac{13}{18} - \dfrac{7}{12}$

사고력 학습

5 □ 안에 알맞은 수를 써넣으시오.

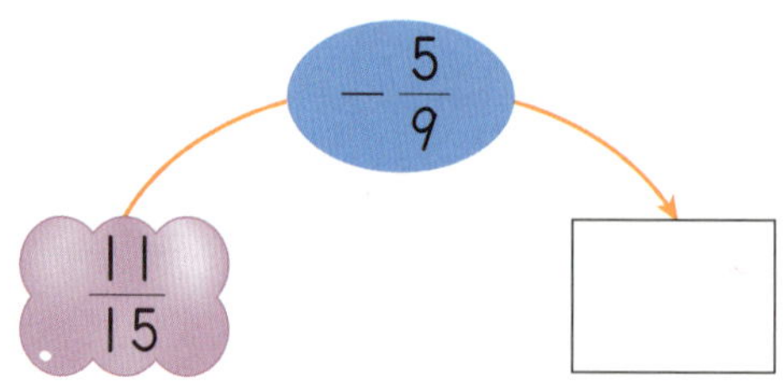

6 물통에 물이 $\dfrac{17}{20}$ L 들어 있었습니다. 이 중에서 $\dfrac{9}{14}$ L를 사용하였습니다. 남아 있는 물은 몇 L입니까?

[답] ______________________

7 가장 큰 분수와 가장 작은 분수의 차를 구하시오.

$\dfrac{5}{7}$	$\dfrac{2}{3}$	$\dfrac{3}{5}$

[답] ______________________

◆ **대분수의 뺄셈(1)** ◆

1 그림을 보고 $2\dfrac{1}{2} - 1\dfrac{1}{5}$ 은 얼마인지 □ 안에 알맞은 수를 써넣으시오.

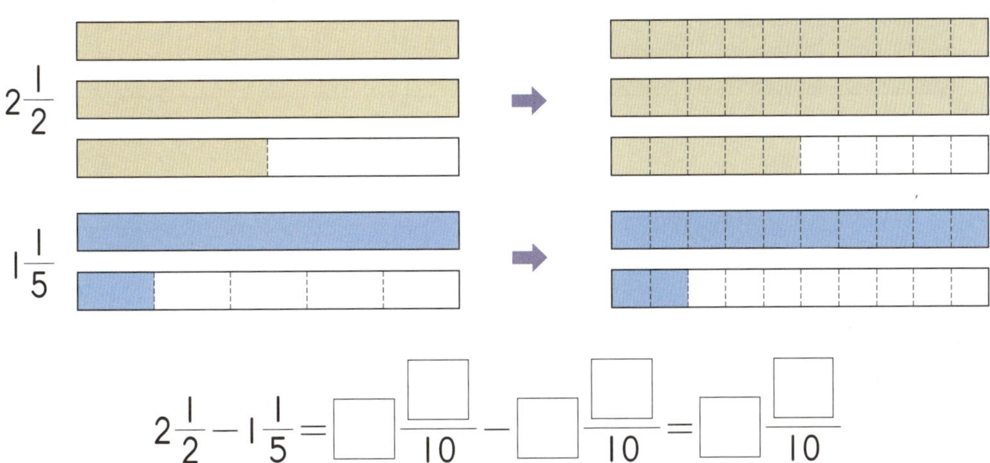

$$2\dfrac{1}{2} - 1\dfrac{1}{5} = \boxed{}\dfrac{\boxed{}}{10} - \boxed{}\dfrac{\boxed{}}{10} = \boxed{}\dfrac{\boxed{}}{10}$$

2 $5\dfrac{1}{8} - 3\dfrac{3}{4}$ 은 얼마인지 알아보려고 합니다. $5\dfrac{1}{8}$ 만큼 파란색으로 색칠한 다음 $3\dfrac{3}{4}$ 만큼 × 표로 지워서 그림에 나타내고, □ 안에 알맞은 수를 써넣으시오.

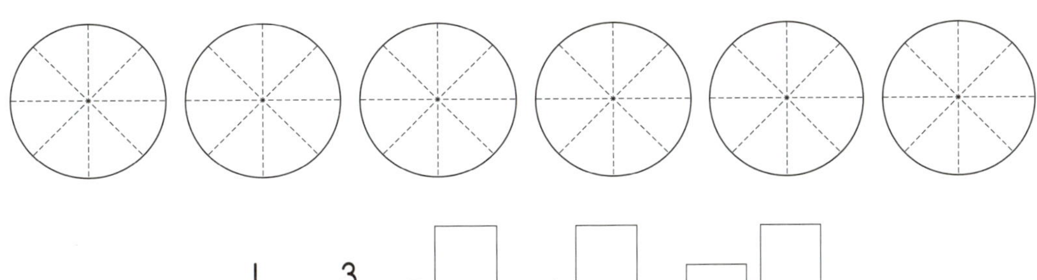

$$5\dfrac{1}{8} - 3\dfrac{3}{4} = 5\dfrac{\boxed{}}{8} - 3\dfrac{\boxed{}}{8} = \boxed{}\dfrac{\boxed{}}{8}$$

그림에 알맞게 색칠하고, ☐ 안에 알맞은 수를 써넣으시오. [3～5]

3

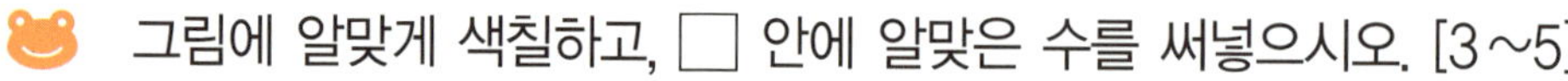

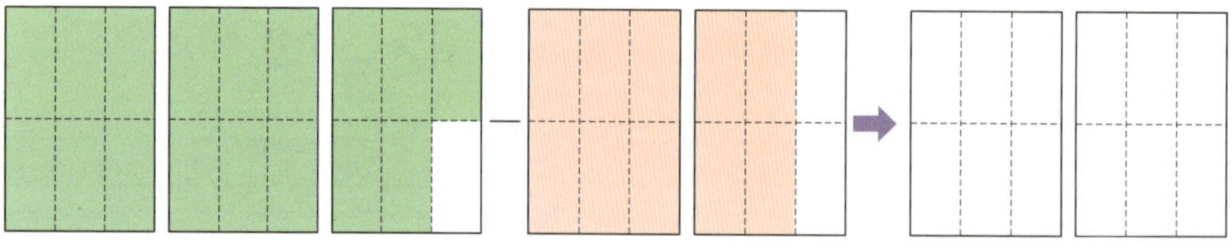

$$2\frac{5}{6} - 1\frac{2}{3} = \boxed{}$$

4

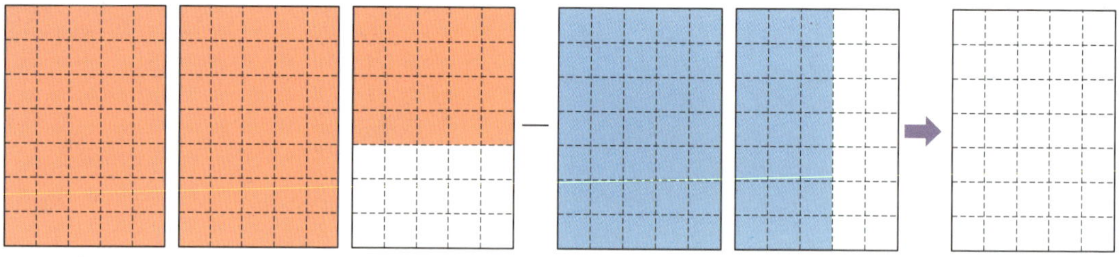

$$2\frac{4}{7} - 1\frac{3}{5} = \boxed{}$$

5

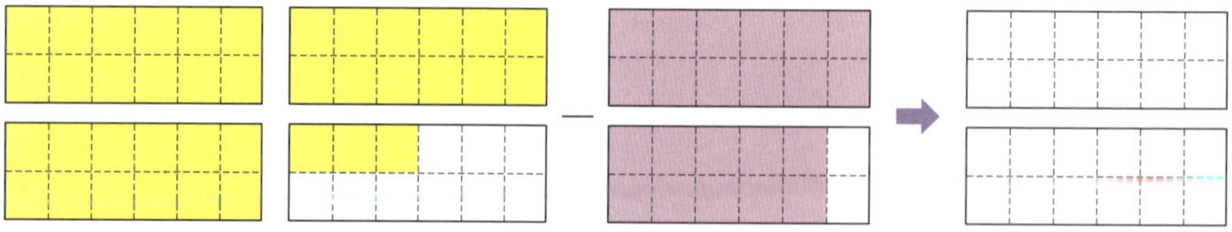

$$3\frac{1}{4} - 1\frac{5}{6} = \boxed{}$$

◆ **대분수의 뺄셈(2)** ◆

□ 안에 알맞은 수를 써넣으시오. [1~2]

1 $5\dfrac{6}{7} - 2\dfrac{2}{5} = 5\dfrac{\square}{35} - 2\dfrac{\square}{35} = (5-2) + \left(\dfrac{\square}{35} - \dfrac{\square}{35}\right)$

$= \square + \dfrac{\square}{35} = \square\dfrac{\square}{35}$

2 $8\dfrac{7}{8} - 3\dfrac{3}{10} = 8\dfrac{\square}{40} - 3\dfrac{\square}{40} = (8-\square) + \left(\dfrac{\square}{40} - \dfrac{\square}{40}\right)$

$= \square + \dfrac{\square}{40} = \square\dfrac{\square}{40}$

3 $4\dfrac{3}{5} - 1\dfrac{5}{6}$를 다음과 같은 방법으로 계산하려고 합니다. □ 안에 알맞은 수를 써넣으시오.

(1) $4\dfrac{3}{5} - 1\dfrac{5}{6} = 4\dfrac{\square}{30} - 1\dfrac{\square}{30} = 3\dfrac{\square}{30} - 1\dfrac{\square}{30}$

$= (\square - \square) + \left(\dfrac{\square}{30} - \dfrac{\square}{30}\right) = \square + \dfrac{\square}{\square} = \square\dfrac{\square}{\square}$

(2) $4\dfrac{3}{5} - 1\dfrac{5}{6} = \dfrac{23}{5} - \dfrac{\square}{6} = \dfrac{\square}{30} - \dfrac{\square}{30} = \dfrac{\square}{\square} = \square\dfrac{\square}{\square}$

다음을 계산하시오. [4~7]

4 $2\dfrac{3}{4} - 1\dfrac{1}{6}$

5 $4\dfrac{2}{3} - 1\dfrac{2}{5}$

6 $7\dfrac{1}{6} - 5\dfrac{5}{9}$

7 $6\dfrac{3}{10} - 3\dfrac{7}{12}$

사고력 학습

◆ 대분수의 뺄셈(3) ◆

1 빈칸에 알맞은 수를 써넣으시오.

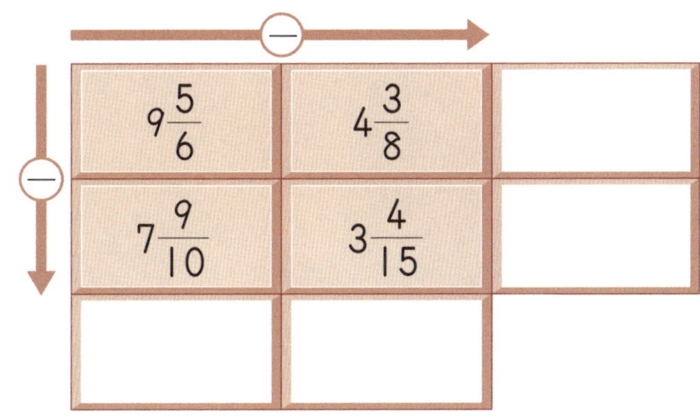

2 □ 안에 알맞은 수를 써넣으시오.

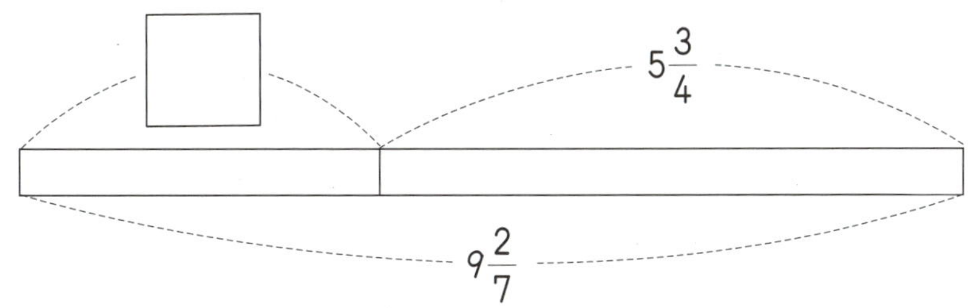

3 다음 직사각형의 가로와 세로의 길이의 차를 구하시오.

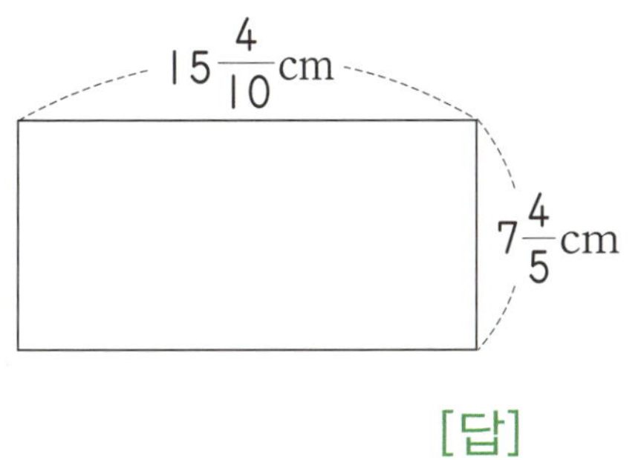

[답]

사고력 학습

4 포도 주스가 $5\frac{3}{4}$ L 있습니다. 이 중에서 $1\frac{1}{3}$ L를 마셨습니다. 남은 포도 주스는 몇 L입니까?

[답]

5 훈이는 $1\frac{5}{6}$ 시간 동안 공부를 하였고, $3\frac{1}{5}$ 시간 동안 운동을 하였습니다. 훈이는 운동을 공부보다 몇 시간 더 했습니까?

[답]

6 진영이가 강아지를 안고 저울에 올라가면 $40\frac{1}{4}$ kg이고, 강아지를 내려놓고 진영이만 저울에 올라가면 $38\frac{3}{10}$ kg입니다. 강아지의 무게는 몇 kg입니까?

[답]

 사고력 학습

이름 :

날짜 :

시간 :　　시　　분 ~ 　　시　　분

확인

◆ 세 분수의 덧셈과 뺄셈(1) ◆

1 $\dfrac{1}{3} + \dfrac{3}{8} + \dfrac{5}{6}$ 를 다음과 같은 방법으로 계산하려고 합니다. ☐ 안에 알맞은 수를 써넣으시오.

(1) $\dfrac{1}{3} + \dfrac{3}{8} + \dfrac{5}{6} = \left(\dfrac{8}{24} + \dfrac{9}{24}\right) + \dfrac{5}{6} = \dfrac{\square}{24} + \dfrac{5}{6} = \dfrac{\square}{24} + \dfrac{\square}{24}$

$= \dfrac{\square}{24} = \square\dfrac{\square}{24}$

(2) $\dfrac{1}{3} + \dfrac{3}{8} + \dfrac{5}{6} = \dfrac{\square}{24} + \dfrac{\square}{24} + \dfrac{\square}{24} = \dfrac{\square}{24} = \square\dfrac{\square}{24}$

2 $\dfrac{9}{10} - \dfrac{1}{6} - \dfrac{1}{2}$ 을 다음과 같은 방법으로 계산하려고 합니다. ☐ 안에 알맞은 수를 써넣으시오.

(1) $\dfrac{9}{10} - \dfrac{1}{6} - \dfrac{1}{2} = \left(\dfrac{27}{30} - \dfrac{5}{30}\right) - \dfrac{1}{2} = \dfrac{\square}{30} - \dfrac{1}{2} = \dfrac{\square}{30} - \dfrac{\square}{30}$

$= \dfrac{\square}{30}$

(2) $\dfrac{9}{10} - \dfrac{1}{6} - \dfrac{1}{2} = \dfrac{\square}{30} - \dfrac{\square}{30} - \dfrac{\square}{30} = \dfrac{\square}{30}$

사고력 학습

3 $\dfrac{5}{7}+\dfrac{1}{4}-\dfrac{5}{8}$ 를 다음과 같은 방법으로 계산하려고 합니다. ☐ 안에 알맞은 수를 써넣으시오.

(1) $\dfrac{5}{7}+\dfrac{1}{4}-\dfrac{5}{8}=\left(\dfrac{20}{28}+\dfrac{7}{28}\right)-\dfrac{5}{8}=\dfrac{\boxed{}}{28}-\dfrac{5}{8}=\dfrac{\boxed{}}{56}-\dfrac{\boxed{}}{56}$

$=\dfrac{\boxed{}}{56}$

(2) $\dfrac{5}{7}+\dfrac{1}{4}-\dfrac{5}{8}=\dfrac{\boxed{}}{56}+\dfrac{\boxed{}}{56}-\dfrac{\boxed{}}{56}=\dfrac{\boxed{}}{56}$

4 $\dfrac{4}{5}-\dfrac{3}{8}+\dfrac{7}{10}$ 을 다음과 같은 방법으로 계산하려고 합니다. ☐ 안에 알맞은 수를 써넣으시오.

(1) $\dfrac{4}{5}-\dfrac{3}{8}+\dfrac{7}{10}=\left(\dfrac{32}{40}-\dfrac{15}{40}\right)+\dfrac{7}{10}=\dfrac{\boxed{}}{40}+\dfrac{7}{10}=\dfrac{\boxed{}}{40}+\dfrac{\boxed{}}{40}$

$=\dfrac{\boxed{}}{40}=\boxed{}\dfrac{\boxed{}}{40}=\boxed{}\dfrac{1}{\boxed{}}$

(2) $\dfrac{4}{5}-\dfrac{3}{8}+\dfrac{7}{10}=\dfrac{\boxed{}}{40}-\dfrac{\boxed{}}{40}+\dfrac{\boxed{}}{40}=\dfrac{\boxed{}}{40}=\boxed{}\dfrac{\boxed{}}{40}$

$=\boxed{}\dfrac{1}{\boxed{}}$

✿ 이름 :

✿ 날짜 :

✿ 시간 : 　시　　분 ~ 　시　　분

확인 

◆ 세 분수의 덧셈과 뺄셈(2) ◆

보기 와 같이 계산하시오. [1~2]

보기

$$1\frac{4}{7} + \frac{3}{5} - \frac{3}{10} = \left(1\frac{20}{35} + \frac{21}{35}\right) - \frac{3}{10} = 1\frac{41}{35} - \frac{3}{10} = 1\frac{82}{70} - \frac{21}{70} = 1\frac{61}{70}$$

1 $1\frac{4}{5} + \frac{7}{8} + 1\frac{5}{6}$

2 $4\frac{2}{3} - 1\frac{1}{10} - 2\frac{3}{4}$

보기 와 같이 계산하시오. [3~4]

보기

$$3\frac{2}{7} - 1\frac{5}{8} + \frac{9}{14} = 3\frac{16}{56} - 1\frac{35}{56} + \frac{36}{56} = 2\frac{17}{56}$$

3 $3\frac{1}{2} + 5\frac{3}{4} - 2\frac{7}{8}$

4 $4\frac{5}{6} - 1\frac{1}{5} - 2\frac{8}{15}$

사고력 학습 

🐸 다음을 계산하시오. [5~8]

5 $\dfrac{4}{5} + \dfrac{1}{4} + \dfrac{3}{10}$

6 $\dfrac{7}{8} - \dfrac{3}{20} + \dfrac{4}{5}$

7 $5\dfrac{3}{4} + \dfrac{1}{6} - \dfrac{2}{3}$

8 $10\dfrac{9}{10} - 3\dfrac{5}{6} - 4\dfrac{11}{12}$

 사고력 학습

◆ 세 분수의 덧셈과 뺄셈(3) ◆

1 □ 안에 알맞은 수를 써넣으시오.

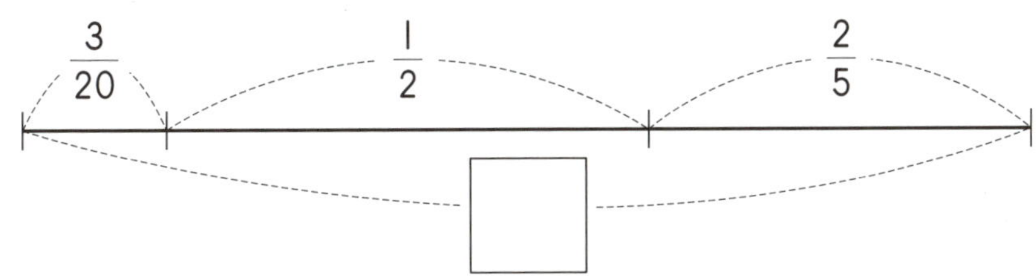

2 □ 안에 알맞은 수를 써넣으시오.

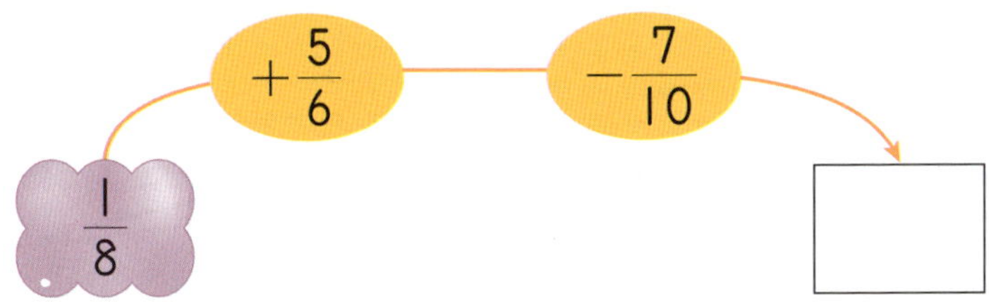

3 ○ 안에 >, =, <를 알맞게 써넣으시오.

$$\dfrac{1}{2} - \dfrac{3}{7} + \dfrac{4}{5} \bigcirc \dfrac{2}{3} + \dfrac{9}{10} - \dfrac{7}{9}$$

4 구슬 한 개의 무게가 다음과 같을 때 주머니에 담긴 구슬 세 개의 무게의 합은 몇 kg입니까?

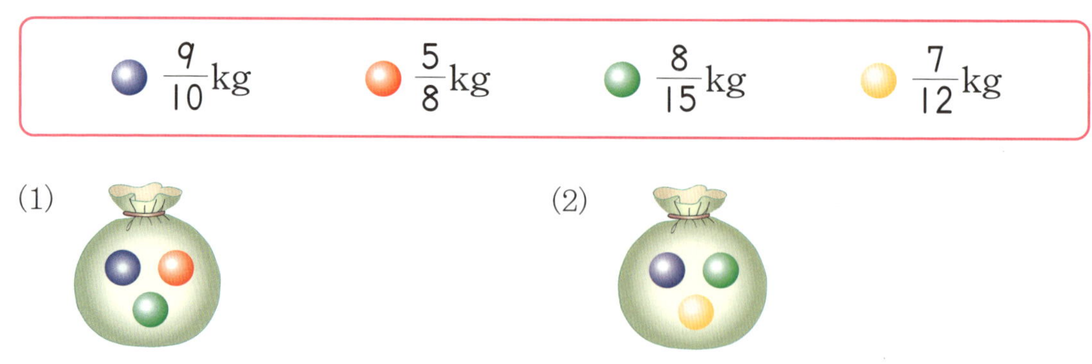

(1)

(2)

5 집에서 슈퍼마켓을 거쳐 학교에 가는 길은 집에서 학교로 바로 가는 길보다 몇 km 더 멉니까?

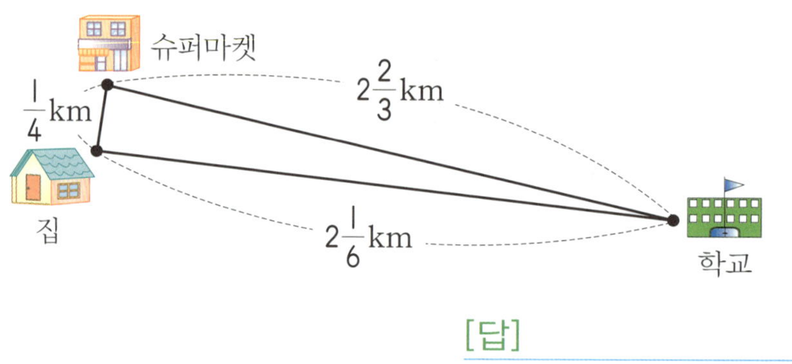

[답]

6 지영이는 리본 $8\frac{5}{6}$ m 중에서 선물을 포장하는 데 $5\frac{1}{4}$ m를 사용하고, 동생에게 $\frac{8}{9}$ m를 주었습니다. 지영이에게 남아 있는 리본은 몇 m입니까?

[답]

사고력 학습

 창의력 학습

혜진이네 학교에서는 매월 둘째, 넷째 토요일마다 폐휴지를 모으고 있습니다. 혜진이네 반에서는 다음 표와 같이 폐휴지를 모았다면, 어느 달에 폐휴지를 가장 많이 모았습니까? 이때 모은 폐휴지는 몇 kg입니까?

주　＼　월	3	4	5
둘째	$4\frac{1}{2}$ kg	$5\frac{2}{5}$ kg	$2\frac{2}{3}$ kg
넷째	$4\frac{1}{3}$ kg	$3\frac{3}{4}$ kg	$5\frac{3}{4}$ kg

[답]

영수네 집에서 공원을 거쳐 병원까지 가는 길과 영수네 집에서 슈퍼마켓과 우체국을 거쳐 병원까지 가는 길 중에서 어느 곳을 거쳐 가는 길이 얼마나 더 가까운지 구하시오.

[답]

창의력 학습

➕ 경시대회 예상문제

 □ 안에 알맞은 수를 써넣으시오. [1~2]

1 $1\dfrac{4}{5} + \boxed{} = 3\dfrac{3}{8}$

2 $\boxed{} + \dfrac{5}{6} - \dfrac{3}{5} = 1\dfrac{79}{90}$

3 집에서 동물원까지의 거리는 $9\dfrac{7}{12}$ km이고, 미술관까지의 거리는 $6\dfrac{8}{15}$ km 입니다. 동물원에서 미술관까지의 거리는 몇 km입니까?

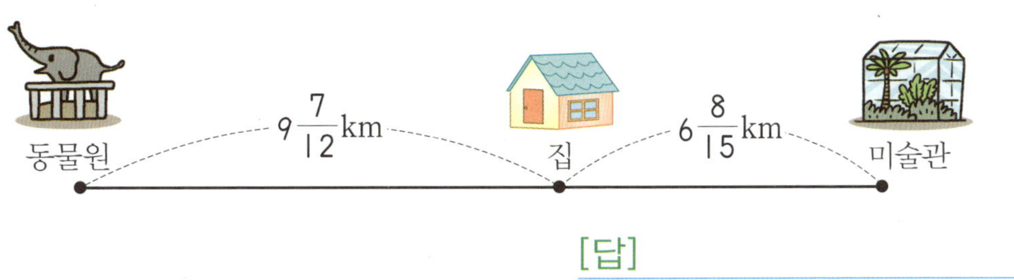

[답]

4 $10\dfrac{5}{7}$ 에 어떤 수를 더해야 할 것을 잘못하여 뺐더니 $5\dfrac{2}{5}$ 가 되었습니다. 바르게 계산하면 얼마입니까?

[답]

5 형의 몸무게는 $45\frac{2}{5}$ kg이고, 동생은 형의 몸무게보다 $6\frac{8}{15}$ kg 적습니다. 형과 동생의 몸무게의 합은 몇 kg입니까?

[답] ______________________

서술형·논술형

6 **가**에서 **라**까지의 거리는 몇 m인지 풀이 과정을 쓰고 답을 구하시오.

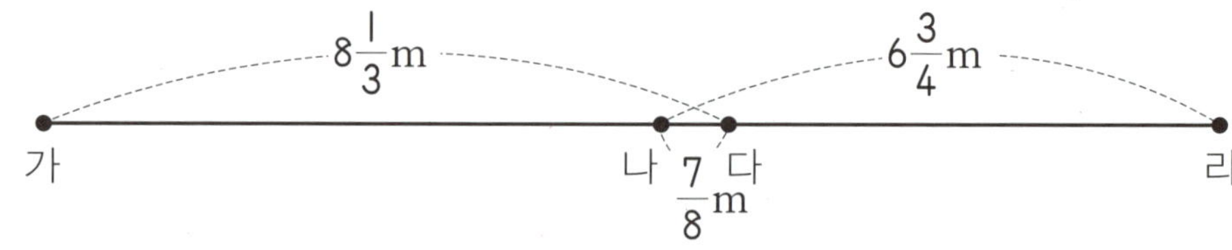

____

____

[답] ______________________

7 주스가 $1\frac{3}{4}$ L, 우유가 $\frac{5}{6}$ L 있었는데 각각 $\frac{2}{3}$ L씩 마셨습니다. 남은 주스와 우유는 모두 몇 L입니까?

[답] ______________________

8 성진이는 오늘 국어 숙제를 $\frac{4}{5}$ 시간, 수학 숙제를 $1\frac{1}{2}$ 시간 하고, 만들기 숙제는 국어 숙제보다 $1\frac{1}{4}$ 시간 더 많이 했습니다. 성진이가 오늘 숙제를 한 시간은 모두 몇 시간입니까?

[답]

9 경수네 농장에 파, 배추를 심으려고 합니다. 파는 전체의 $\frac{4}{9}$ 를 심고, 배추는 전체의 $\frac{7}{15}$ 을 심는다면 아무것도 심지 않은 부분은 전체의 몇 분의 몇인지 구하시오.

[답]

10 귤이 가득 들어 있는 상자는 5kg입니다. 전체의 $\frac{1}{4}$ 만큼을 먹고 상자의 무게를 재었더니 $3\frac{5}{6}$ kg이었습니다. 빈 상자의 무게는 몇 kg입니까?

[답]

11 □ 안에 들어갈 수 있는 자연수의 합은 얼마인지 풀이 과정을 쓰고 답을 구하시오.

$$\frac{9}{14} - \frac{1}{6} - \frac{1}{3} < \frac{1}{\square} < 1$$

[답]

12 어느 학교의 수업 시간은 $\frac{2}{3}$ 시간이고, 쉬는 시간은 10분이라고 합니다. 오전 9시에 1교시 수업이 시작될 때, 4교시 수업이 끝난 시각은 몇 시 몇 분인지 구하시오.

[답]

13 어떤 두 수의 합은 $6\frac{16}{35}$ 이고, 차는 $2\frac{4}{35}$ 입니다. 어떤 두 수를 기약분수로 나타내시오.

[답]

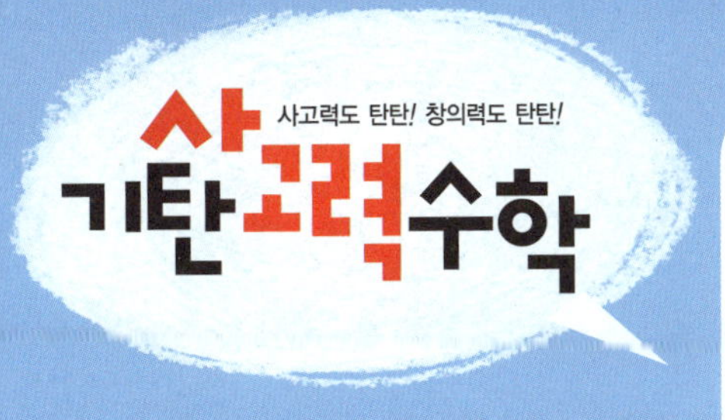

학습 관리표

학습 내용		이번 주는?
확인 학습	· 약수와 배수 · 약분과 통분 · 분수의 덧셈과 뺄셈 · 창의력 학습 · 경시대회 예상문제 · 성취도 테스트	• 학습 방법 : ① 매일매일　② 가끔　③ 한꺼번에 　하였습니다. • 학습 태도 : ① 스스로 잘　② 시켜서 억지로 　하였습니다. • 학습 흥미 : ① 재미있게　② 싫증내며 　하였습니다. • 교재 내용 : ① 적합하다고　② 어렵다고　③ 쉽다고 　하였습니다.
지도 교사가 부모님께		부모님이 지도 교사께
평가	Ⓐ 아주 잘함　　Ⓑ 잘함　　Ⓒ 보통　　Ⓓ 부족함	

원(교)　　　　반　이름　　　　　전화

● 학습 목표
- 약수와 배수를 이해하고 구할 수 있습니다.
- 두 수의 공약수와 최대공약수, 공배수와 최소공배수를 이해하고 구할 수 있습니다.
- 분수를 약분하여 기약분수로 나타낼 수 있습니다.
- 분모가 다른 분수를 통분하여 크기를 비교할 수 있습니다.
- 분모가 다른 진분수, 대분수의 덧셈과 뺄셈을 계산할 수 있습니다.
- 분모가 다른 세 분수의 덧셈과 뺄셈, 혼합 계산을 할 수 있습니다.

● 지도 내용
- 약수와 배수를 이해하고, 자연수의 약수와 배수를 구해 봅니다.
- 공약수와 최대공약수를 이해하고 두 수의 공약수와 최대공약수를 구해 봅니다.
- 공배수와 최소공배수를 이해하고 두 수의 공배수와 최소공배수를 구해 봅니다.
- 기약분수의 뜻을 알고, 분수를 기약분수로 나타내어 봅니다.
- 분모의 공배수를 공통분모로 하여 통분할 수 있음을 알게 하고, 분모의 곱이나 최
  소공배수를 이용하여 통분해 봅니다.
- 분모가 다른 두 분수나 세 분수를 통분하여 크기를 비교해 봅니다.
- 진분수의 덧셈, 대분수의 덧셈, 진분수의 뺄셈, 대분수의 뺄셈을 공통분모로 통분한
  다음 분자는 분자끼리, 자연수는 자연수끼리 계산해 봅니다.
- 세 분수의 덧셈과 뺄셈은 앞의 두 분수씩 통분하여 차례로 계산하거나 세 분수를
  한꺼번에 통분하여 계산해 봅니다.

● 지도 요점
앞에서 학습한 약수와 배수, 약분과 통분, 분수의 덧셈과 뺄셈을 확인 학습하는 주입니다. 여러 유형의 문제를 접해 보게 함으로써 학습한 지식을 잘 응용할 수 있도록 지도해 주십시오. 그리고 성취도 테스트를 이용해서 주어진 시간 내에 모든 문제를 푸는 연습을 하도록 해 주십시오.

◆ 약수와 배수 ◆

1 24의 약수가 아닌 수에 ○표 하시오.

> 4   6   8   12   15

2 다음은 어떤 수의 약수를 모두 늘어놓은 것입니다. 어떤 수를 구하시오.

> 1, 2, 5, 10, 25, 50

[답]

3 7의 배수를 가장 작은 수부터 차례로 5개 쓰시오.

[답]

4 16의 배수 중에서 가장 큰 두 자리 수를 구하시오.

[답]

확인 학습

5 55보다 크고 65보다 작은 수 중에서 홀수를 모두 쓰시오.

[답] ________________

6 어떤 수의 배수를 가장 작은 수부터 쓴 것입니다. 물음에 답하시오.

> 9, 18, 27, 36, 45, ……

(1) 열두 번째의 수를 구하시오.

[답] ________________

(2) 열두 번째의 수는 짝수입니까? 홀수입니까?

[답] ________________

7 6의 배수를 모두 찾아 쓰시오.

| 610 | 1552 | 114 | 438 |

[답] ________________

8 한 변의 길이가 1인 정사각형 8개로 만들 수 있는 서로 다른 직사각형은 다음과 같이 2가지입니다.

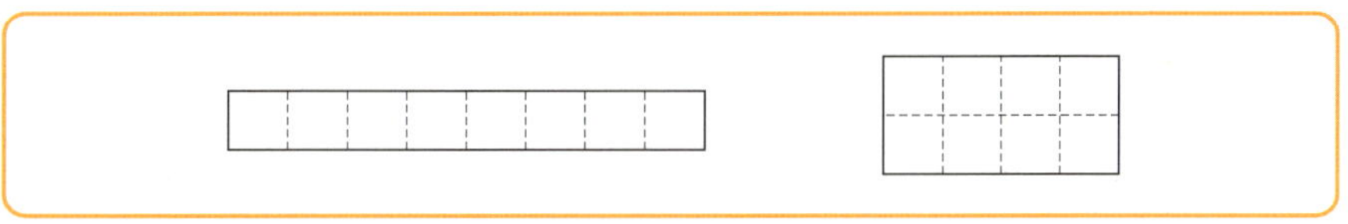

정사각형 20개로 만들 수 있는 서로 다른 직사각형은 몇 가지입니까?

[답]

9 48과 서로 배수와 약수의 관계인 수를 모두 찾아 ○표 하시오.

| 4 | 7 | 15 | 23 | 48 |

10 두 수가 서로 배수와 약수의 관계인 것을 찾아 기호를 쓰시오.

㉠ (3, 8) ㉡ (15, 65)
㉢ (9, 108) ㉣ (24, 152)

[답]

11 12와 20의 공약수와 최대공약수를 구하시오.

공약수: ___________________

최대공약수: ___________________

12 두 수의 공약수 중에서 가장 큰 수를 구하시오.

(36, 90)

[답]

13 두 수의 최대공약수를 구하시오.

$$) \ 24 \qquad 56$$

[답]

14 어떤 두 수의 최대공약수는 14입니다. 이 두 수의 공약수를 모두 구하시오.

[답]

 확인 학습

15 15의 배수도 되고 27의 배수도 되는 수를 가장 작은 수부터 차례로 3개 쓰시오.

[답] _______________________________

16 □ 안에 알맞은 수를 써넣고, 36과 48의 최소공배수를 구하시오.

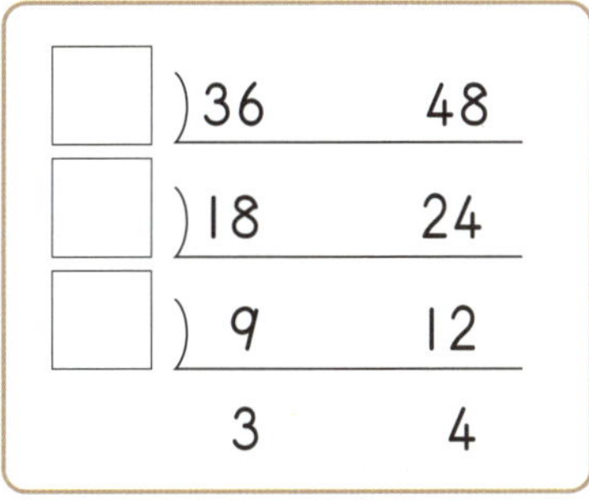

□)	36	48
□)	18	24
□)	9	12
	3	4

[답] _______________________________

17 두 수의 최소공배수가 큰 것부터 차례로 기호를 쓰시오.

㉠ (27, 36)　　　㉡ (20, 80)　　　㉢ (34, 51)

[답] _______________________________

확인 학습

18 36과 54의 최대공약수와 최소공배수를 구하시오.

$$36 = 2 \times 2 \times 3 \times 3 \qquad 54 = 2 \times 3 \times 3 \times 3$$

최대공약수: _______________

최소공배수: _______________

19 빈칸에 알맞은 수를 써넣으시오.

수	최대공약수	최소공배수
(64, 96)		

20 48과 어떤 수의 최대공약수는 16이고, 최소공배수는 192입니다. 어떤 수를 구하시오.

[답] _______________

21 다음 조건을 모두 만족하는 수를 구하시오.

> • 30의 약수입니다.
> • 홀수입니다.
> • 가장 높은 자리의 숫자가 I인 두 자리 수입니다.

[답]

22 4의 배수인 어떤 수가 있습니다. 이 수의 약수들을 모두 더하였더니 56이 되었습니다. 어떤 수를 구하시오.

[답]

23 48과 56을 어떤 수로 나누면 나누어떨어집니다. 어떤 수를 모두 구하시오.

[답]

확인 학습

24 16과 36으로 나누면 나머지가 각각 7이 되는 어떤 수가 있습니다. 어떤 수 중에서 가장 작은 수를 구하시오.

[답]

25 연필 3타와 공책 84권을 될 수 있는 대로 가장 많은 학생들에게 남김없이 똑같이 나누어 주려고 합니다. 물음에 답하시오.

(1) 학생 몇 명까지 나누어 줄 수 있습니까?

[답]

(2) 학생 한 명이 가지게 될 연필은 몇 자루입니까?

[답]

(3) 학생 한 명이 가지게 될 공책은 몇 권입니까?

[답]

26 가로가 12cm, 세로가 15cm인 직사각형 모양의 도화지가 있습니다. 이 도화지를 겹치지 않게 이어 붙여 가장 작은 정사각형을 만들려고 합니다. 이때 만든 정사각형의 한 변은 몇 cm이고, 필요한 도화지는 몇 장인지 구하시오.

[답]

확인 학습

◆ 약분과 통분 ◆

1 분수의 크기만큼 색칠하고, 크기가 같은 분수를 찾아 ○표 하시오.

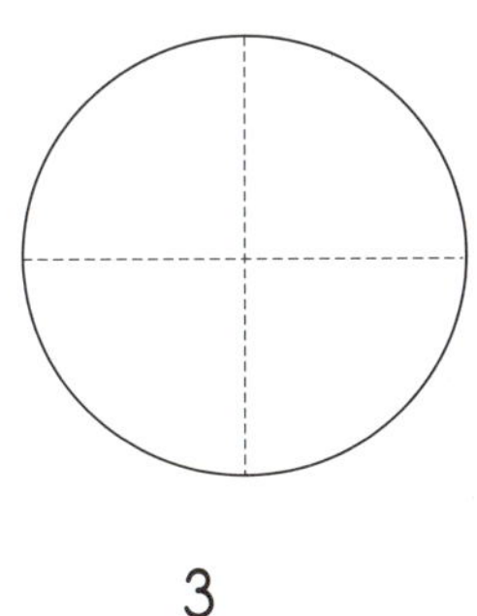

$$\frac{3}{4}$$

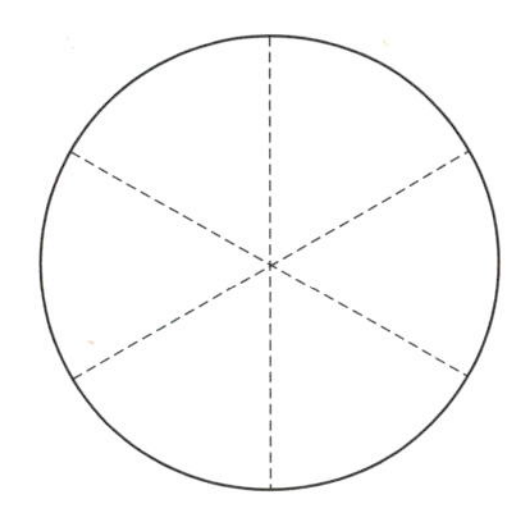

$$\frac{4}{6}$$

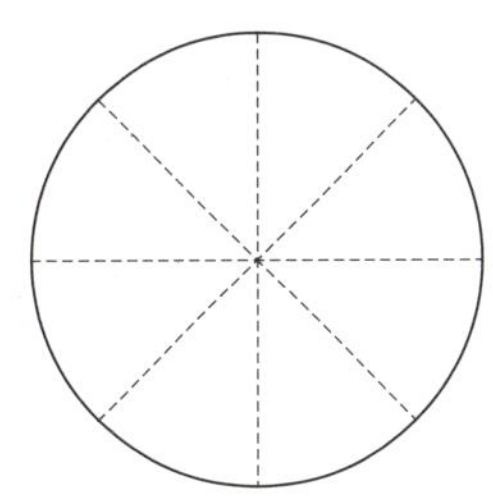

$$\frac{6}{8}$$

□ 안에 알맞은 수를 써넣으시오. [2~3]

2 $\dfrac{2}{7} = \dfrac{2 \times \square}{7 \times 5} = \dfrac{\square}{\square}$

3 $\dfrac{48}{60} = \dfrac{48 \div 6}{60 \div \square} = \dfrac{\square}{\square}$

4 □ 안에 알맞은 수를 써넣으시오.

$$\frac{72}{104} = \frac{\square}{52} = \frac{18}{\square} = \frac{\square}{13}$$

5 $\dfrac{24}{36}$와 크기가 같은 분수를 모두 찾아 ○표 하시오.

$$\dfrac{3}{8} \qquad \dfrac{4}{6} \qquad \dfrac{6}{9} \qquad \dfrac{9}{12} \qquad \dfrac{12}{20}$$

6 $\dfrac{3}{5}$과 크기가 같은 분수 중에서 분모가 12보다 크고 34보다 작은 분수를 모두 구하시오.

[답]

7 크기가 같은 분수끼리 선으로 이으시오.

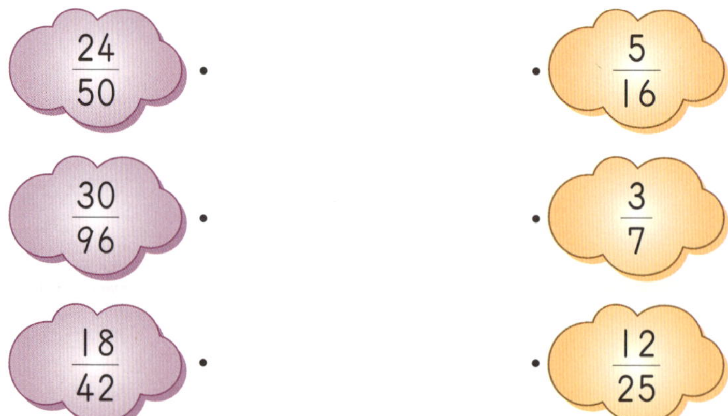

8 $\dfrac{48}{60}$ 을 약분하려고 합니다. 약분할 수 없는 수를 모두 찾아 쓰시오.

| 3 | 4 | 6 | 8 | 15 |

[답]

---

9 기약분수가 아닌 것을 찾아 기호를 쓰고, 기약분수로 나타내시오.

㉠ $\dfrac{13}{52}$　　㉡ $\dfrac{8}{15}$　　㉢ $\dfrac{12}{55}$　　㉣ $\dfrac{11}{90}$　　㉤ $\dfrac{12}{83}$

[답]

---

10 분모가 12인 진분수 중에서 기약분수를 모두 쓰시오.

[답]

11 $\dfrac{5}{8}$와 $\dfrac{9}{14}$를 공통분모를 56으로 하여 통분하시오.

[답]

12 두 분모의 최소공배수를 공통분모로 하여 통분하시오.

$$\left(\dfrac{11}{16},\ \dfrac{15}{24}\right) \Rightarrow (\qquad,\qquad)$$

13 $\left(\dfrac{4}{9},\ \dfrac{7}{12}\right)$을 통분하려고 합니다. 공통분모가 될 수 없는 수를 찾아 쓰시오.

18	36	72	108

[답]

두 분수의 크기를 비교하여 ○ 안에 >, =, <를 알맞게 써넣으시오. [14~15]

14 $\dfrac{5}{8}$ ○ $\dfrac{7}{10}$

15 $2\dfrac{4}{7}$ ○ $2\dfrac{16}{28}$

확인 학습

확인 학습

16 세 분수의 크기를 비교하여 큰 분수부터 차례로 쓰시오.

$$\frac{5}{9} \qquad \frac{8}{15} \qquad \frac{13}{20}$$

[답]

17 두 분수의 크기를 비교하여 더 작은 분수를 아래쪽의 □ 안에 써넣으시오.

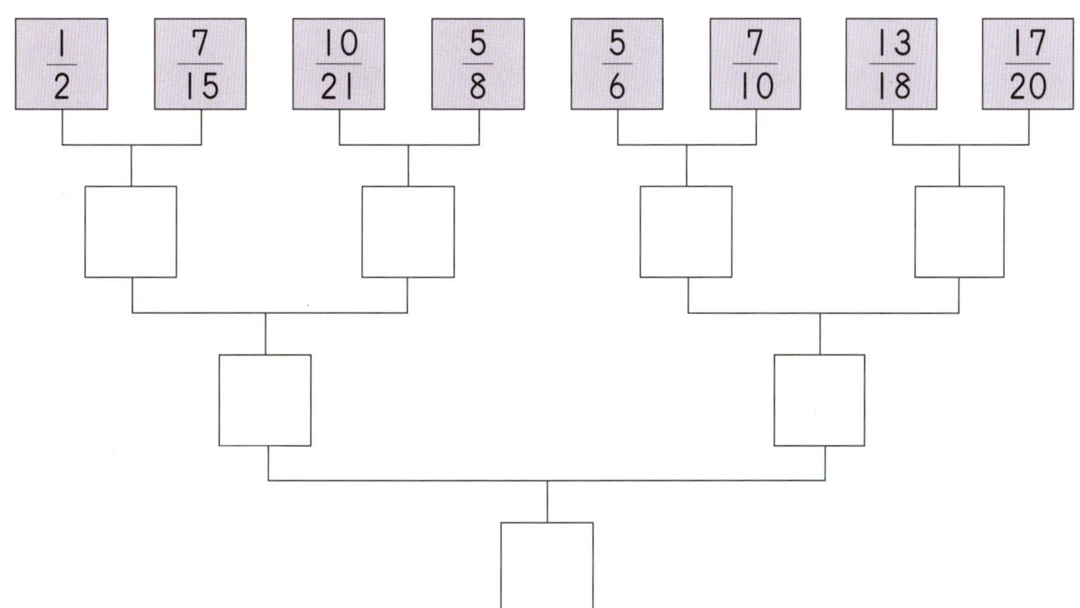

18 가장 큰 분수를 찾아 기호를 쓰시오.

$$\text{㉠ } \frac{4}{5} \qquad \text{㉡ } \frac{6}{7} \qquad \text{㉢ } \frac{9}{10} \qquad \text{㉣ } \frac{33}{35}$$

[답] ______________________________

19 진호네 집에서 학교까지의 거리는 $\frac{17}{20}$ km이고, 주영이네 집에서 학교까지의 거리는 $\frac{23}{30}$ km입니다. 누구네 집이 학교에서 더 멉니까?

[답] ______________________________

20 $\frac{3}{8}$ 과 $\frac{7}{12}$ 사이에 있는 분수 중에서 분모가 24인 분수를 모두 쓰시오.

[답] ______________________________

 확인 학습

21 어떤 두 기약분수를 통분하였더니 $\dfrac{24}{30}$와 $\dfrac{25}{30}$이었습니다. 통분하기 전의 두 기약분수를 구하시오.

[답] ________________________

22 다음 조건을 모두 만족하는 분수를 구하시오.

> • 분모와 분자의 차가 6입니다.
> • 기약분수로 나타내면 $\dfrac{3}{5}$입니다.

[답] ________________________

23 $\dfrac{5}{12}$에 가장 가까운 분수를 찾아 기호를 쓰시오.

㉠ $\dfrac{1}{2}$	㉡ $\dfrac{2}{3}$	㉢ $\dfrac{5}{8}$	㉣ $\dfrac{9}{24}$

[답] ________________________

24 □ 안에 들어갈 수 있는 자연수를 모두 구하시오.

$$\frac{4}{7} < \frac{\Box}{9} < 1$$

[답]

25 모양과 크기가 서로 다른 병이 **3**개 있습니다. 이 병에 물을 담았더니 다음과 같았습니다. 물이 가장 많이 담긴 병은 어느 것입니까?

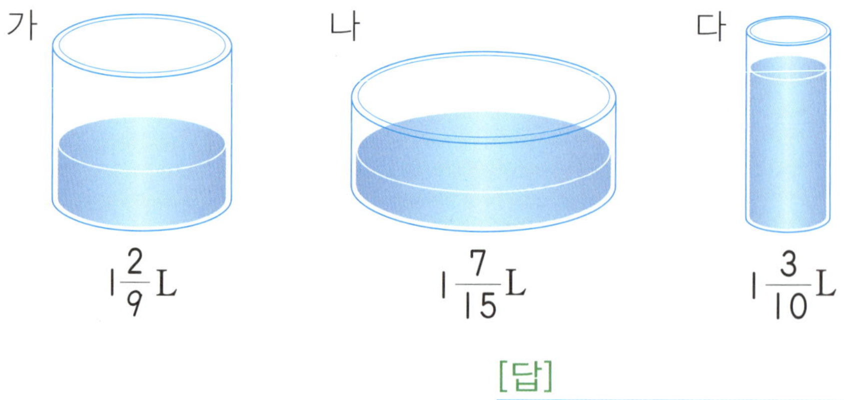

[답]

26 $\frac{1}{3}$ 보다 크고 $\frac{4}{5}$ 보다 작은 분수 중에서 분모가 **30**인 기약분수는 몇 개인지 구하시오.

[답]

I-54a

◆ 분수의 덧셈과 뺄셈 ◆

1 그림을 보고 $\dfrac{1}{3} + \dfrac{2}{5}$ 를 계산하시오.

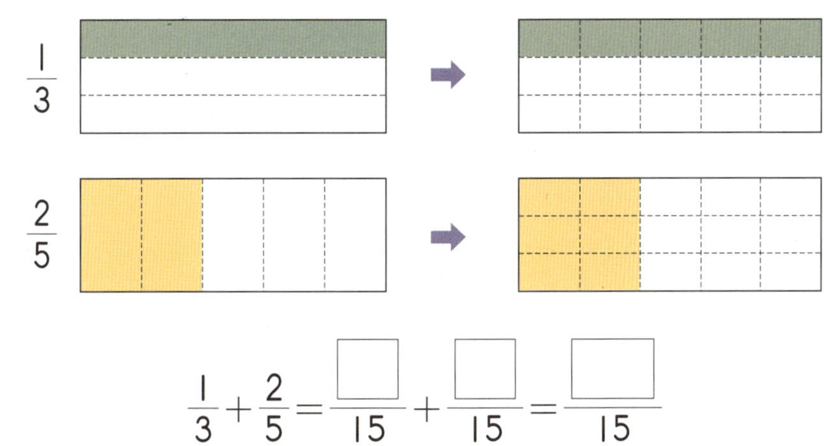

$$\dfrac{1}{3} + \dfrac{2}{5} = \dfrac{\boxed{}}{15} + \dfrac{\boxed{}}{15} = \dfrac{\boxed{}}{15}$$

2 □ 안에 알맞은 수를 써넣으시오.

$$\dfrac{5}{12} + \dfrac{7}{8} = \dfrac{5 \times \boxed{}}{12 \times \boxed{}} + \dfrac{7 \times \boxed{}}{8 \times \boxed{}} = \dfrac{\boxed{}}{24} + \dfrac{\boxed{}}{24} = \boxed{}\dfrac{\boxed{}}{\boxed{}}$$

3 계산 결과가 1보다 큰 것을 찾아 기호를 쓰시오.

$$\text{㉠ } \dfrac{1}{5} + \dfrac{4}{7} \qquad \text{㉡ } \dfrac{7}{8} + \dfrac{1}{6} \qquad \text{㉢ } \dfrac{7}{12} + \dfrac{5}{18}$$

[답]

4 보기 와 같은 방법으로 계산하시오.

보기

$$1\frac{1}{2}+2\frac{5}{8}=1\frac{4}{8}+2\frac{5}{8}=3+\frac{9}{8}=4\frac{1}{8}$$

$$5\frac{3}{4}+1\frac{5}{6}$$

5 빈칸에 알맞은 수를 써넣으시오.

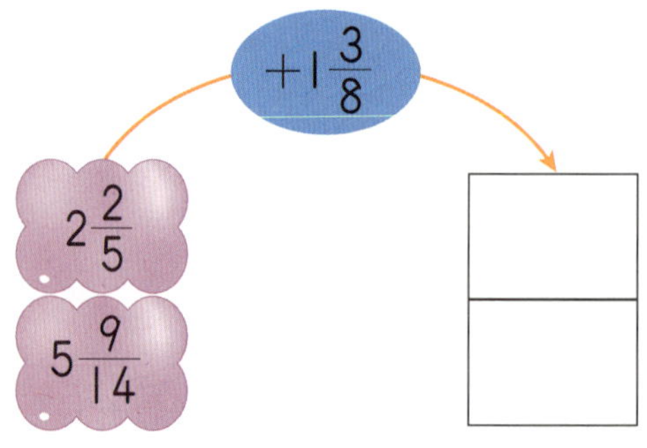

6 인영이는 우유를 오전에 $1\frac{1}{3}$ L, 오후에 $1\frac{2}{7}$ L 마셨습니다. 인영이가 마신 우유는 모두 몇 L입니까?

[답] ________________

 다음을 계산하시오. [7~8]

7 $\dfrac{5}{6} - \dfrac{3}{8}$

8 $\dfrac{9}{10} - \dfrac{1}{4}$

9 가장 큰 분수와 가장 작은 분수의 차를 구하시오.

$$\dfrac{7}{12} \qquad \dfrac{4}{9} \qquad \dfrac{8}{15}$$

[답]

10 현주는 빨간색 리본을 $\dfrac{6}{7}$m, 파란색 리본을 $\dfrac{7}{9}$m 가지고 있습니다. 어느 색 리본이 몇 m 더 깁니까?

[답]

확인 학습

11 관계있는 것끼리 선으로 이으시오.

$8\frac{2}{3} - 5\frac{3}{4}$ ·

$7\frac{13}{18} - 4\frac{5}{9}$ ·

· $2\frac{11}{12}$

· $3\frac{1}{6}$

· $3\frac{7}{12}$

12 □ 안에 알맞은 수를 써넣으시오.

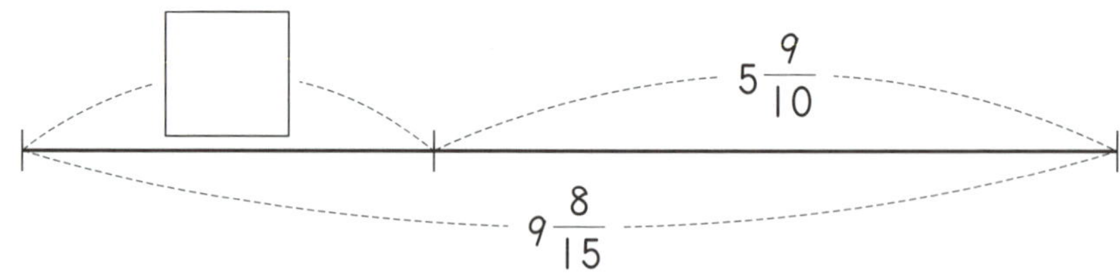

13 두 분수의 합과 차를 구하시오.

$$7\frac{10}{21} \qquad 2\frac{9}{14}$$

합: ________________________

차: ________________________

확인 학습

확인 학습

14 ㉠－㉡을 구하시오.

$$㉠\ 2\dfrac{5}{8}+3\dfrac{1}{7} \qquad ㉡\ 1\dfrac{5}{14}+2\dfrac{13}{28}$$

[답]

15 빈 곳에 알맞은 수를 써넣으시오.

16 계산 결과가 큰 것부터 차례로 기호를 쓰시오.

$$㉠\ \dfrac{7}{8}+\dfrac{5}{9}+\dfrac{11}{12} \qquad ㉡\ 3\dfrac{1}{2}-1\dfrac{2}{5}+\dfrac{5}{6} \qquad ㉢\ 6\dfrac{7}{10}-2\dfrac{5}{6}-1\dfrac{4}{15}$$

[답]

확인 학습

17 □ 안에 알맞은 기약분수를 써넣으시오.

$$\frac{5}{8} - \boxed{} + \frac{7}{12} = \frac{55}{72}$$

18 밀가루가 $1\frac{19}{24}$ kg 있었습니다. 빵을 만드는 데 $\frac{11}{15}$ kg 사용하고, 전을 만드는 데 $\frac{5}{8}$ kg 사용하였습니다. 남은 밀가루는 몇 kg입니까?

[답]

19 삼각형의 둘레는 몇 cm입니까?

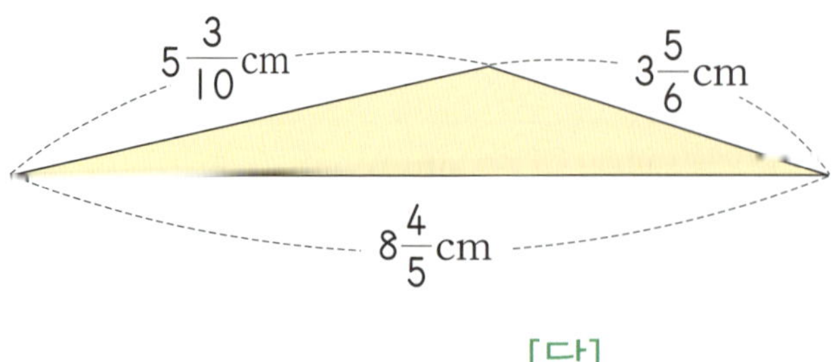

[답]

20 어떤 수에서 $2\frac{1}{6}$ 을 빼야 하는데 잘못하여 더했더니 $5\frac{5}{8}$ 가 되었습니다. 바르게 계산하면 얼마입니까?

[답]

21 □ 안에 들어갈 수 있는 자연수를 모두 구하시오.

$$\frac{4}{7}+\frac{\square}{10} < 1\frac{5}{14}$$

[답]

22 가인이는 산 정상까지 오르는 데 $4\frac{7}{8}$ 시간 걸렸고, 내려올 때에는 올라갈 때보다 $\frac{2}{3}$ 시간 적게 걸렸습니다. 가인이가 등산하는 데 걸린 시간은 모두 몇 시간입니까?

[답]

23 진우가 동화책을 읽는 데 어제는 전체의 $\frac{3}{8}$ 을 읽었고, 오늘은 전체의 $\frac{1}{3}$ 을 읽었습니다. 진우가 동화책을 다 읽으려면 전체의 몇 분의 몇을 더 읽어야 합니까?

[답]

24 어떤 일을 형이 혼자하면 6일, 동생이 혼자하면 12일 걸린다고 합니다. 형과 동생이 하루씩 교대로 일한다면 이 일을 모두 마치는 데 며칠 걸리겠습니까?

[답]

25 다음과 같이 $2\frac{3}{4}$ cm인 색 테이프 4장을 $\frac{2}{3}$ cm씩 겹치도록 이어 붙였습니다. 이어 붙인 색 테이프의 전체 길이는 몇 cm입니까?

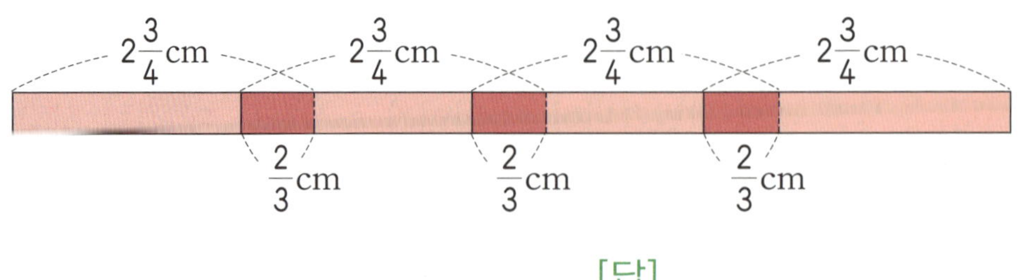

[답]

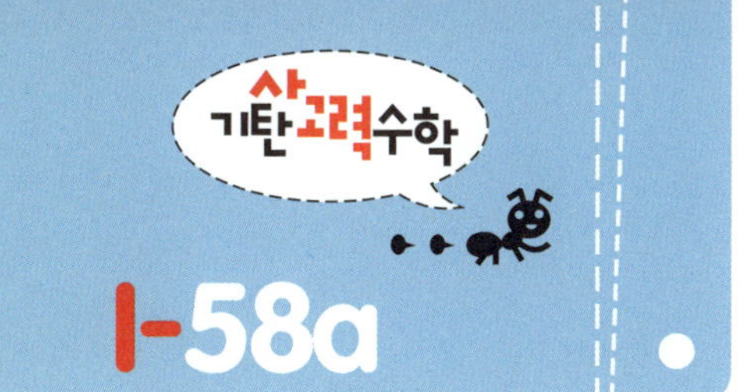

이름 :
날짜 :
시간 : 시 분 ~ 시 분

확인

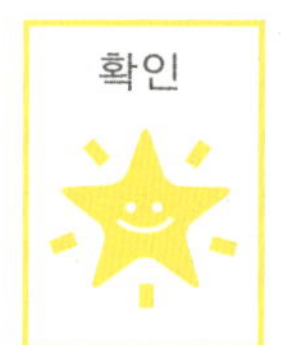

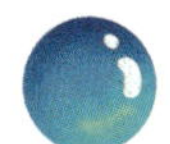

창의력 학습

톱니 수가 ㉮는 36개, ㉯는 60개인 두 톱니바퀴가 맞물려 돌고 있습니다. ㉯ 톱니바퀴가 1바퀴 회전하는 데 3분 걸린다고 합니다. 두 톱니바퀴가 회전하기 전 맞물렸던 곳에서 처음으로 다시 만나려면 몇 분 후가 되어야 하는지 구하시오.

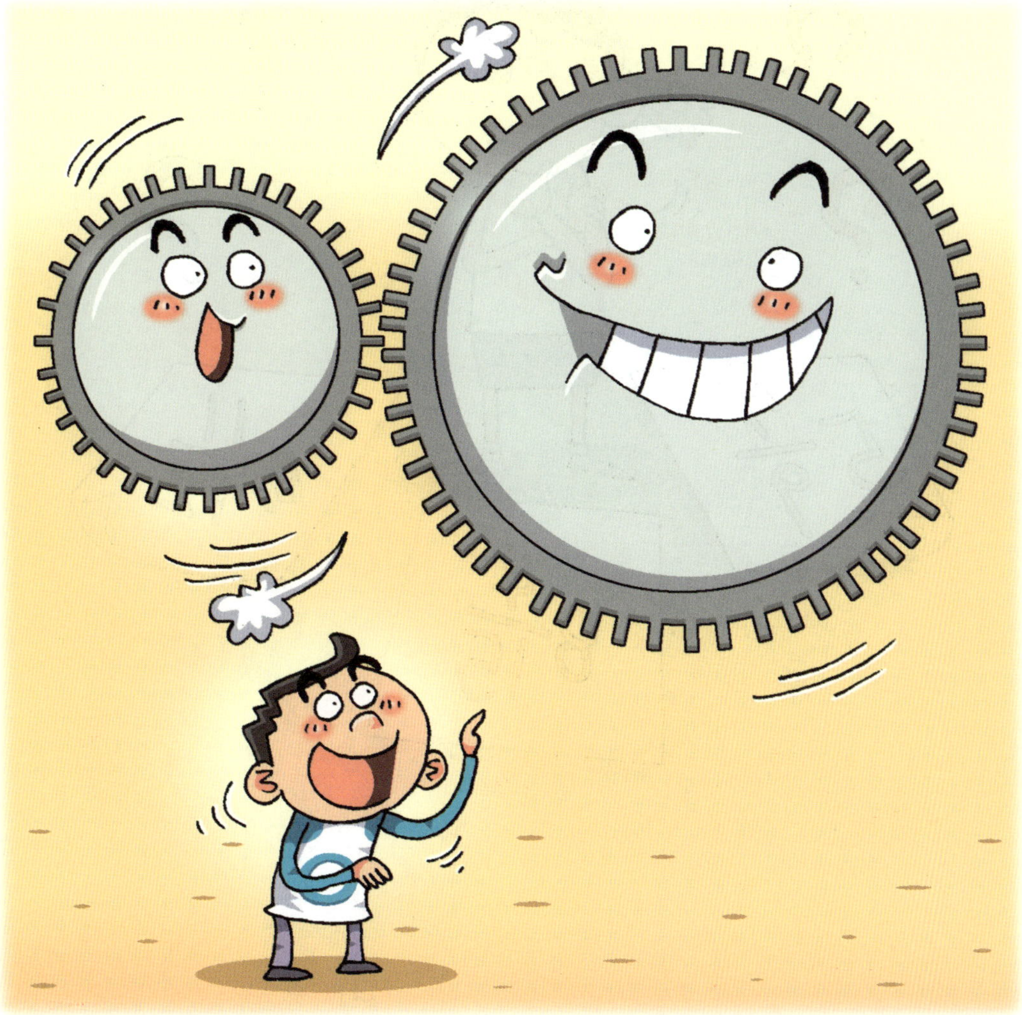

[답]

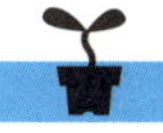

민지가 $5\dfrac{7}{9}$, $8\dfrac{4}{15}$, $4\dfrac{11}{12}$ 세 분수를 사용하여 계산 결과가 가장 크게 되도록 식을 만들려고 합니다. □ 안에 알맞은 분수를 써넣고, 계산하시오.

$$\boxed{} + \boxed{} - \boxed{}$$

[답]

I-59a

✿ 이름 :
✿ 날짜 :
✿ 시간 : 시 분 ~ 시 분

➕ 경시대회 예상문제

1 곱이 210이 되는 두 수를 찾아 쓰시오.

> 10, 11, 12, 13, 14, 15, 16, 17, 18

[답]

2 네 자리 수 145□는 6의 배수입니다. 0부터 9까지의 수 중에서 □ 안에 알맞은 수를 모두 구하려고 합니다. 풀이 과정을 쓰고 답을 구하시오.

[답]

3 1부터 100까지의 자연수 중에서 5로도 나누어떨어지고, 7로도 나누어떨어지는 수는 모두 몇 개입니까?

[답]

4 어느 고속버스 터미널에서 서울행은 15분마다, 부산행은 20분마다 출발한다고 합니다. 오전 8시 30분에 두 고속버스가 동시에 출발하였다면 다음번에 동시에 출발하는 시각은 몇 시 몇 분입니까?

[답] ______________

5 전구가 3개 있습니다. 빨간색 전구는 4분 동안 켜지고 2분 동안 꺼집니다. 파란색 전구는 5분 동안 켜지고 3분 동안 꺼집니다. 노란색 전구는 8분 동안 켜지고 4분 동안 꺼집니다. 오후 1시에 세 전구가 동시에 켜졌다면, 오후 1시 30분부터 오후 3시 30분까지 세 전구는 동시에 몇 번 켜지겠습니까?

[답] ______________

6 다음 숫자 카드 중에서 2장을 사용하여 분수를 만들려고 합니다. 물음에 답하시오.

(1) $\dfrac{40}{100}$ 과 크기가 같은 진분수를 만드시오.

[답] ______________

(2) 1보다 작은 분수 중에서 가장 큰 진분수를 만드시오.

[답] ______________

경시대회 예상문제

7 $3\frac{1}{2}$보다 큰 수를 모두 찾아 ○표 하시오.

$$3\frac{5}{9} \qquad 3\frac{2}{3} \qquad 3\frac{3}{7} \qquad 3\frac{12}{25}$$

8 □ 안에 들어갈 수 있는 자연수를 구하시오.

$$\frac{2}{10} < \frac{\square}{30} < \frac{1}{4}$$

[답]

9 어떤 분수의 분자에 2를 더한 후 약분하면 $\frac{4}{5}$가 되고, 분모와 분자에 모두 2를 더한 후 약분하면 $\frac{3}{4}$이 됩니다. 어떤 분수를 구하시오.

[답]

10 가장 큰 분수와 가장 작은 분수의 합과 차를 차례로 구하시오.

$$\frac{1}{3} \qquad \frac{3}{4} \qquad \frac{2}{5} \qquad \frac{5}{8} \qquad \frac{3}{10} \qquad \frac{11}{18}$$

[답]

11 과일이 가득 들어 있는 상자는 $14\frac{5}{8}$ kg입니다. 전체의 $\frac{1}{2}$ 을 팔고 난 후 상자의 무게를 재었더니 $8\frac{3}{16}$ kg이었습니다. 빈 상자의 무게는 몇 kg입니까?

[답]

서술형·논술형

12 ★에 알맞은 수는 얼마인지 풀이 과정을 쓰고 답을 구하시오.

$$\cdot\, 6\frac{1}{9} - 4\frac{8}{15} = \blacksquare$$

$$\cdot\, \blacksquare + 3\frac{5}{6} = \blacktriangle$$

$$\cdot\, \blacksquare + \blacktriangle = \bigstar$$

[답]

1 □ 안에 공통으로 들어갈 수를 구하시오.

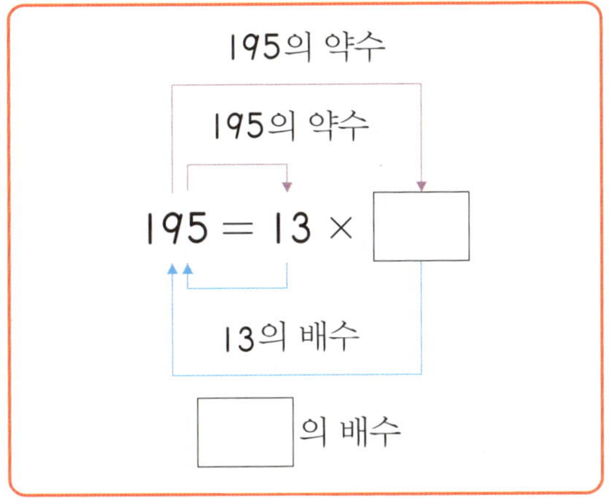

[답]

2 약수의 개수가 가장 많은 것을 찾아 기호를 쓰시오.

ㄱ 32　　　ㄴ 16　　　ㄷ 40　　　ㄹ 35

[답]

3 36과 54의 공배수 중에서 800에 가장 가까운 수를 구하시오.

[답]

4 두 수의 최대공약수와 최소공배수를 구하시오.

> (48, 64)

최대공약수: ________________

최소공배수: ________________

5 8로도 나누어떨어지고, 3으로도 나누어떨어지는 두 자리 자연수는 모두 몇 개입니까?

[답] ________________

6 귤 96개와 사과 64개가 있습니다. 될 수 있는 대로 많은 사람에게 남김없이 똑같이 나누어 주려고 합니다. 몇 명까지 나누어 줄 수 있습니까?

[답] ________________

7 최대공약수가 24이고, 최소공배수가 360인 두 수가 있습니다. 한 수가 72일 때, 다른 한 수를 구하시오.

[답] ________________

8 크기가 나머지 넷과 다른 분수를 찾아 쓰시오.

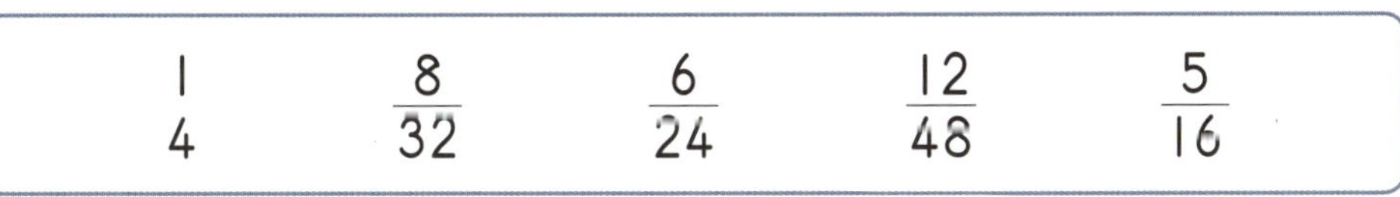

$$\frac{1}{4} \qquad \frac{8}{32} \qquad \frac{6}{24} \qquad \frac{12}{48} \qquad \frac{5}{16}$$

[답] ______________________

9 다음 분수를 기약분수로 나타내시오.

(1) $\dfrac{45}{63}$ 　　　　　　　　　　(2) $\dfrac{48}{72}$

10 어떤 두 기약분수를 통분하였더니 다음과 같이 되었습니다. 두 기약분수를 구하시오.

$$\left(\boxed{} , \boxed{} \right) \Rightarrow \left(\frac{27}{42}, \frac{32}{42} \right)$$

11 두 분수의 크기를 비교하여 ◯ 안에 >, =, <를 알맞게 써넣으시오.

(1) $\dfrac{5}{13}$ ◯ $\dfrac{9}{20}$ 　　　　　　　　(2) $1\dfrac{9}{30}$ ◯ $1\dfrac{1}{5}$

12 $\dfrac{1}{4}$ 과 $\dfrac{4}{5}$ 사이에 있는 분수 중에서 분모가 20인 기약분수를 모두 쓰시오.

[답]

13 연희네 집에서 서점, 문구점, 슈퍼마켓, 학교까지의 거리를 나타낸 것입니다. 연희네 집에서 거리가 먼 곳부터 차례로 쓰시오.

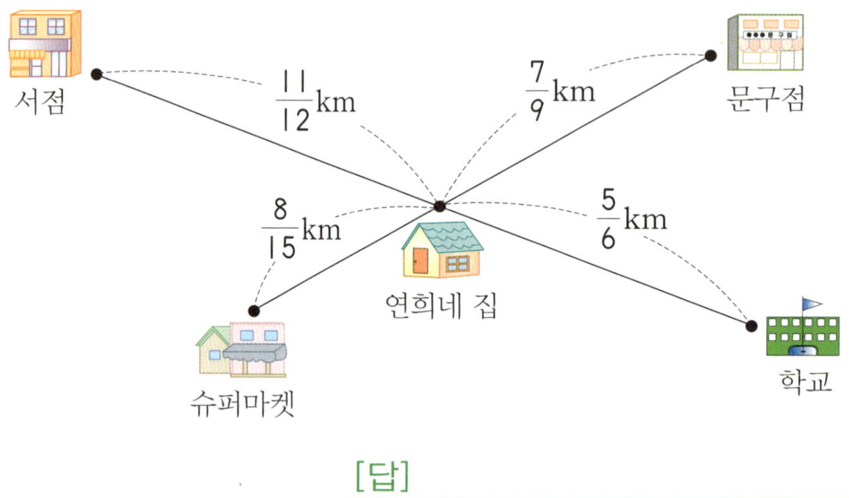

[답]

14 ☐ 안에 들어갈 수 있는 자연수는 모두 몇 개입니까?

$$\dfrac{3}{5} < \dfrac{\square}{30} < \dfrac{5}{6}$$

[답]

15 □ 안에 알맞은 수를 써넣으시오.

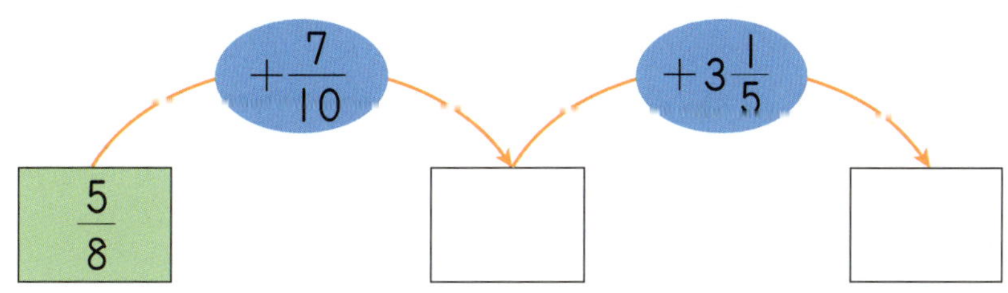

16 다음을 계산하시오.

(1) $\dfrac{5}{6} - \dfrac{3}{5}$

(2) $4\dfrac{2}{9} - 1\dfrac{5}{12}$

17 콜라가 $\dfrac{7}{15}$ L, 사이다가 $\dfrac{9}{20}$ L 있습니다. 어느 음료수가 얼마나 더 많이 있습니까?

[답] ______________________________

18 ☐ 안에 알맞은 수를 써넣으시오.

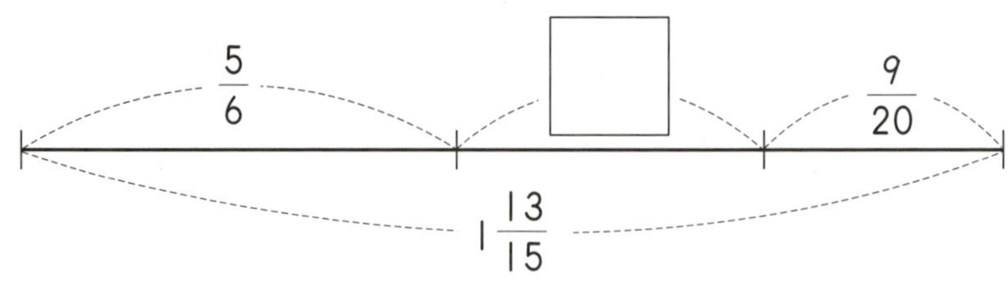

19 정현이의 몸무게는 $43\frac{3}{5}$ kg이고, 가방의 무게는 $1\frac{5}{6}$ kg, 강아지의 무게는 $\frac{7}{10}$ kg입니다. 정현이가 가방을 메고, 강아지와 함께 무게를 잰다면 몇 kg이 되겠습니까?

[답]

20 선주가 어제까지 수학 문제집의 $\frac{2}{9}$ 를 풀고, 오늘은 전체의 $\frac{8}{21}$ 을 풀었습니다. 선주가 내일부터 전체의 $\frac{5}{63}$ 씩 푼다면 남은 수학 문제집을 다 푸는 데 며칠이 걸리겠습니까?

[답]

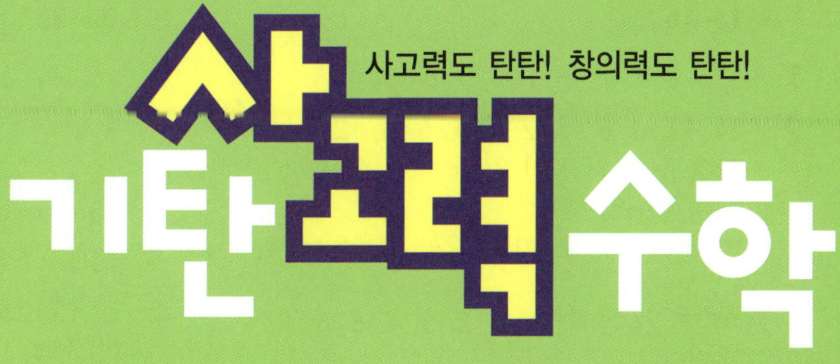

사고력도 탄탄! 창의력도 탄탄!
사
기탄 고력 수학
해답

11a~160b

해답은 따로 보관하고 있다가
채점할 때 사용해 주세요.

1a~1b

1　6, 3, 2, 1, 1, 1 / 1, 2, 3, 6

2　24, 12, 8, 6 / 1, 2, 3, 4, 6, 8, 12, 24
　　[풀이] 두 수의 곱이 24가 되는 수는 모두 24의 약수입니다.
　　$1 \times 24 = 24$, $2 \times 12 = 24$, $3 \times 8 = 24$, $4 \times 6 = 24$
　　따라서 24의 약수는 1, 2, 3, 4, 6, 8, 12, 24입니다.

3　1, 3, 9

4　1, 2, 4, 5, 10, 20

5　1, 3, 5, 9, 15, 45

6　ⓒ, ⓓ

7　54
　　[풀이] 10의 약수: 1, 2, 5, 10 ➡ 4개
　　18의 약수: 1, 2, 3, 6, 9, 18 ➡ 6개
　　32의 약수: 1, 2, 4, 8, 16, 32 ➡ 6개
　　54의 약수: 1, 2, 3, 6, 9, 18, 27, 54 ➡ 8개
　　81의 약수: 1, 3, 9, 27, 81 ➡ 5개
　　따라서 약수의 개수가 가장 많은 수는 54입니다.

2a~2b

1　2, 4, 6, 8, 10, 12 / 2, 4, 6, 8, 10, 12

2　7, 14, 21, 28, 35

3　12, 24, 36, 48, 60

4　
51	52	53	54	55	56	57	58	59	60
61	62	63	64	65	66	67	68	69	70
71	72	73	74	75	76	77	78	79	80
81	82	83	84	85	86	87	88	89	90
91	92	93	94	95	96	97	98	99	100

5　
11	12	13	14	15	16	17	18	19	20
21	22	23	24	25	26	27	28	29	30

6　38, 72　　　　7　53, 111

3a~3b

1　16, 24, 32, 40, 48

2　6개

3　⑩ 6을 1배, 2배, 3배, …… 한 수 6, 12, 18, ……은 3을 2배, 4배, 6배, …… 한 수이므로 6의 배수는 모두 3의 배수입니다.

4　(1) 92, 288, 420, 1008
　　(2) 288, 1008, 2475
　　(3) 288, 1008

5　14, 28　　　　6　55, 65, 75

7　50개　　　　　8　2개

9　112
　　[풀이] 나열된 수는 7의 배수이므로 7의 배수 중에서 열여섯 번째의 수는 7의 16배인 112입니다.

4a~4b

1　1, 6, 2, 3 / 6, 2, 3

2　(1) 배수　(2) 약수

3　(1) 1, 2, 4, 8, 16, 32
　　(2) 1, 2, 4, 8, 16, 32

4　(1) 20, 2, 10, 4, 5
　　(2) 1, 2, 4, 5, 10, 20
　　　/ 1, 2, 4, 5, 10, 20

5　(　)(○)(　)

5a~5b

1　(1) 1, 2, 4, 8, 16, 32
　　(2) 1, 2, 4, 5, 8, 10, 20, 40
　　(3) 1, 2, 4, 8　(4) 8

2　1, 2, 4 / 4　　　3　2, 2, 4

4　2, 3, 5 / 3, 3, 5 / 3, 5, 15

5
```
2 )24  16
2 )12   8
2 ) 6   4
     3   2
```
최대공약수
➡ $2 \times 2 \times 2 = 8$

6
```
2 )36  48
2 )18  24
3 ) 9  12
     3   4
```
최대공약수
➡ $2 \times 2 \times 3 = 12$

6a~6b

1 5

2 16

3 30

4 45

5 4

6 2

7 7

8 8

9 4

10 24

11 ㉡

풀이
```
㉠ 2 )42  98       ㉡ 3 )105  90
    7 )21  49          5 ) 35  30
        3   7               7   6
```
최대공약수   최대공약수
➡ $2 \times 7 = 14$ ➡ $3 \times 5 = 15$

따라서 최대공약수가 더 큰 것은 ㉡입니다.

7a~7b

1 (1) 1, 3, 9 (2) 9 (3) 1, 3, 9
(4) 같습니다

2 (1) 4 (2) 1, 2, 4

3 4 / 1, 2, 4

4 9 / 1, 3, 9

5 20 / 1, 2, 4, 5, 10, 20

6 28 / 1, 2, 4, 7, 14, 28

8a~8b

1 1, 2, 3, 6

2 1, 3, 5, 9, 15, 45

3 4개

4 ㉢

풀이 ㉠ 최대공약수가 8인 두 수의 공약수:
1, 2, 4, 8 ➡ 4개
㉡ 최대공약수가 12인 두 수의 공약수:
1, 2, 3, 4, 6, 12 ➡ 6개
㉢ 최대공약수가 36인 두 수의 공약수:
1, 2, 3, 4, 6, 9, 12, 18, 36 ➡ 9개
㉣ 최대공약수가 81인 두 수의 공약수:
1, 3, 9, 27, 81 ➡ 5개

5 7

풀이 21과 35를 어떤 수로 각각 나누었을 때 모두 나누어떨어지는 어떤 수는 21과 35의 공약수이고 이 중 가장 큰 수는 최대공약수입니다. 따라서 21과 35의 최대공약수는 7이므로 어떤 수가 될 수 있는 수 중에서 가장 큰 수는 7입니다.

6 6

풀이 41과 47을 어떤 수로 나누면 나머지가 5이므로 두 수에서 각각 5를 빼면 어떤 수로 나누어떨어집니다. 즉, 어떤 수는 $41-5=36$과 $47-5=42$의 공약수입니다.
36과 42의 최대공약수는 6이므로 어떤 수가 될 수 있는 수는 1, 2, 3, 6이고 나누는 수는 나머지 5보다 커야 하므로 어떤 수는 6입니다.

7 26명

풀이 최대한 많은 학생에게 남김없이 똑같이 나누어 줄 수 있는 학생 수는 52와 78의 최대공약수입니다.
```
 2 )52  78
13 )26  39
     2   3
```
최대공약수 ➡ $2 \times 13 = 26$
따라서 26명까지 나누어 줄 수 있습니다.

8 12cm

풀이 남는 부분 없이 가장 큰 정사각형을 만들 때 정사각형의 한 변의 길이는 24와 36의 최대공약수입니다.
```
2 )24  36
2 )12  18
3 ) 6   9
     2   3
```

최대공약수 ➡ $2 \times 2 \times 3 = 12$
따라서 정사각형의 한 변은 12cm로 해야 합니다.

9a~9b

1
(1) 2, 4, 6, 8, 10, 12, 14, 16, 18, 20
(2) 5, 10, 15, 20, 25, 30, 35, 40, 45, 50
(3) 10, 20　(4) 10

2　24, 48, 72 / 24

3　3, 3, 5, 45

4　2, 2, 5 / 2, 3, 5 / 2, 5, 2, 3, 60

5
```
2 ) 24   32
2 ) 12   16
2 )  6    8
      3    4
```
최소공배수 ➡ $2 \times 2 \times 2 \times 3 \times 4 = 96$

6
```
5 ) 50   75
5 ) 10   15
      2    3
```
최소공배수 ➡ $5 \times 5 \times 2 \times 3 = 150$

10a~10b

1　18

2　120

풀이　30의 배수도 되고 24의 배수도 되는 수는 30과 24의 공배수이고 가장 작은 수는 최소공배수입니다.
```
2 ) 30   24
3 ) 15   12
      5    4
```
최소공배수 ➡ $2 \times 3 \times 5 \times 4 = 120$

3　315　　4　630

5　36　　6　60

7　144　　8　240

9　300　　10　756

11　㉠
풀이　㉠
```
3 ) 63   72
3 ) 21   24
      7    8
```
최소공배수 ➡ $3 \times 3 \times 7 \times 8 = 504$
㉡
```
2 ) 40   96
2 ) 20   48
2 ) 10   24
      5   12
```
최소공배수
➡ $2 \times 2 \times 2 \times 5 \times 12 = 480$
따라서 최소공배수가 더 큰 것은 ㉠입니다.

11a~11b

1
(1) 48, 96, 144　(2) 48
(3) 48, 96, 144　(4) 같습니다

2　(1) 180　(2) 180, 360, 540

3　45 / 45, 90, 135

4　54 / 54, 108, 162

5　160 / 160, 320, 480

6　270 / 270, 540, 810

12a~12b

1　16, 32, 48, 64, 80

2　240, 480, 720, 960

3　3개

풀이　42의 공배수 중에서 200보다 크고 300보다 작은 수는 210, 252, 294로 3개입니다.

4　504

풀이　12와 18의 최소공배수는 36이므로 36의 배수 중에서 500에 가장 가까운 수를 구해 봅니다.
$36 \times 13 = 468$, $36 \times 14 = 504$이므로 500에 가장 가까운 수는 504입니다.

5 84

풀이 12로도 나누어떨어지고 21로도 나누어떨어지는 수는 12와 21의 공배수입니다. 어떤 수는 12와 21의 공배수 중에서 가장 작은 수이므로 12와 21의 최소공배수입니다.

$$3\,)\underline{\;12\quad 21\;}$$
$$\quad\;\;4\quad 7$$

최소공배수 ➡ $3 \times 4 \times 7 = 84$

6 92

풀이 (어떤 수)-2를 6과 10으로 나누면 나누어떨어지므로 (어떤 수)-2는 6과 10의 공배수입니다.

$$2\,)\underline{\;6\quad 10\;}$$
$$\quad\;\;3\quad 5$$

최소공배수 ➡ $2 \times 3 \times 5 = 30$
공배수 ➡ 30, 60, 90, 120, ……
따라서 어떤 수는 6과 10의 공배수보다 2 큰 수이므로 32, 62, 92, 122, ……이고 이 중에서 가장 큰 두 자리 수는 92입니다.

7 오전 10시 30분

풀이 두 버스가 다음번에 동시에 출발할 때까지 걸리는 시간은 15와 18의 최소공배수입니다.

$$3\,)\underline{\;15\quad 18\;}$$
$$\quad\;\;5\quad 6$$

최소공배수 ➡ $3 \times 5 \times 6 = 90$
따라서 대전행과 광주행은 90분마다 동시에 출발하므로 오전 9시에 출발한 다음 다음번에 동시에 출발하는 시각은 오전 10시 30분입니다.

8 108일 후

풀이 두 기계를 다음번에 동시에 검사하는 데까지 걸리는 날은 36과 54의 최소공배수입니다.

$$2\,)\underline{\;36\quad 54\;}$$
$$3\,)\underline{\;18\quad 27\;}$$
$$3\,)\underline{\;6\quad 9\;}$$
$$\quad\;\;2\quad 3$$

최소공배수 ➡ $2 \times 3 \times 3 \times 2 \times 3 = 108$
따라서 다음번에 두 기계를 동시에 검사하는 날은 오늘부터 108일 후입니다.

---

a 1, 4, 9, 16

풀이 1의 배수: 1, 2, 3, 4, 5, 6, 7, 8, 9, 10, 11, 12, 13, 14, 15, 16, 17, 18, 19, 20
2의 배수: 2, 4, 6, 8, 10, 12, 14, 16, 18, 20
3의 배수: 3, 6, 9, 12, 15, 18
4의 배수: 4, 8, 12, 16, 20
5의 배수: 5, 10, 15, 20
6의 배수: 6, 12, 18
7의 배수: 7, 14
8의 배수: 8, 16
9의 배수: 9, 18
10의 배수: 10, 20
11의 배수: 11
⋮
20의 배수: 20

위에 나열된 수 중에서 개수가 짝수이면 문은 닫혀 있고, 홀수이면 문은 열려 있습니다.

1: 1개 ➡ 열림　　11: 2개 ➡ 닫힘
2: 2개 ➡ 닫힘　　12: 6개 ➡ 닫힘
3: 2개 ➡ 닫힘　　13: 2개 ➡ 닫힘
4: 3개 ➡ 열림　　14: 4개 ➡ 닫힘
5: 2개 ➡ 닫힘　　15: 4개 ➡ 닫힘
6: 4개 ➡ 닫힘　　16: 5개 ➡ 열림
7: 2개 ➡ 닫힘　　17: 2개 ➡ 닫힘
8: 4개 ➡ 닫힘　　18: 6개 ➡ 닫힘
9: 3개 ➡ 열림　　19: 2개 ➡ 닫힘
10: 4개 ➡ 닫힘　　20: 6개 ➡ 닫힘

따라서 20명이 모두 지나간 뒤 열려 있는 문은 1, 4, 9, 16입니다.

b 5월 13일

풀이 6과 14의 최소공배수는 42이고, 42와 21의 최소공배수는 42이므로 6, 14, 21의 최소공배수는 42입니다. 따라서 42일마다 동시에 물을 줍니다. 4월은 30일까지 있으므로 4월 1일부터 42일 후인 5월 13일에 세 화분에 동시에 물을 주면 됩니다.

14a~15b 경시대회 예상문제

1 16

풀이 48의 약수: 1, 2, 3, 4, 6, 8, 12,
16, 24, 48
24의 약수: 1, 2, 3, 4, 6, 8, 12, 24
48의 약수이면서 24의 약수가 아닌 수는
16, 48이고, 가장 높은 자리 숫자가 1인
것은 16입니다.

2 28

풀이 25의 약수: 1, 5, 25 ➡ 1+5=6
26의 약수: 1, 2, 13, 26
➡ 1+2+13=16
27의 약수: 1, 3, 9, 27 ➡ 1+3+9=13
28의 약수: 1, 2, 4, 7, 14, 28
➡ 1+2+4+7+14=28
29의 약수: 1, 29 ➡ 1
30의 약수: 1, 2, 3, 5, 6, 10, 15, 30
➡ 1+2+3+5+6+10
+15=42
따라서 자기 자신을 뺀 약수들을 더했을
때 자기 자신이 되는 수는 28입니다.

3 86503, 30568

풀이 가장 큰 홀수는 일의 자리에 가장 작
은 홀수가 오고 나머지 수는 앞에서부터
차례로 큰 수를 놓으면 됩니다. ➡ 86503
가장 작은 짝수는 일의 자리에 가장 큰 짝
수가 오고 나머지 수는 앞에서부터 차례로
작은 수를 놓으면 됩니다. 이때 0은 맨 앞
에 올 수 없습니다. ➡ 30568

4 990

풀이 9의 배수 중에서 짝수인 수는 18의
배수입니다.
18×55=990, 18×56=1008이므로
18의 배수 중에서 가장 큰 세 자리 수는
990입니다.

5 2, 6

풀이 4의 배수는 끝의 두 자리 수인 7□
가 4의 배수가 되어야 하므로 □ 안에는
2, 6이 들어갈 수 있습니다.

6 ㉣

풀이 ㉠ 14□가 3의 배수이려면

1+4+□=5+□가 3의 배수이어야
하므로 □는 1, 4, 7입니다. 141, 144,
147 중에서 8의 배수인 수는 144이므
로 □ 안에 들어갈 수는 4입니다.
㉡ □+9+6=15+□가 3의 배수이어
야 하므로 □는 3, 6, 9입니다. 396,
696, 996 중에서 8의 배수인 수는
696이므로 □ 안에 들어갈 수는 6입
니다.
㉢ 5+□+4=9+□가 3의 배수이어야
하므로 □는 0, 3, 6, 9입니다. 504,
534, 564, 594 중에서 8의 배수인 수
는 504이므로 □ 안에 들어갈 수는 0
입니다.
㉣ 8+8+□=16+□가 3의 배수이어야
하므로 □는 2, 5, 8입니다. 882, 885,
888 중에서 8의 배수인 수는 888이므
로□ 안에 들어갈 수는 8입니다.
따라서 □ 안에 들어갈 숫자가 가장 큰 것
은 ㉣입니다.

7 어떤 수로 (245−5)와 (184−4)를 나누
면 나누어떨어지므로 어떤 수는 240과
180의 공약수이고 이 중 가장 큰 수는 최
대공약수입니다.

```
2 ) 240   180
2 ) 120    90
3 )  60    45
5 )  20    15
       4     3
```
최대공약수 ➡ 2×2×3×5=60
[답] 60

평가 기준	
상	어떤 수는 240과 180의 최대공약수임을 알고 답을 바르게 구한 경우
중	어떤 수는 240과 180의 최대공약수임을 알았으나 답을 구하지 못한 경우
하	풀이 과정과 답을 구하지 못한 경우

8 12장

풀이 가장 작은 정사각형의 한 변의 길이
는 6과 8의 최소공배수입니다.

```
2 ) 6   8
      3   4
```
최소공배수 ➡ 2×3×4=24

가장 작은 정사각형의 한 변은 24cm이므로 가로로는 $24 \div 6 = 4$(장), 세로로는 $24 \div 8 = 3$(장)을 이어 붙여야 합니다.
따라서 직사각형 모양의 종이는 모두 $4 \times 3 = 12$(장) 필요합니다.

9 24명

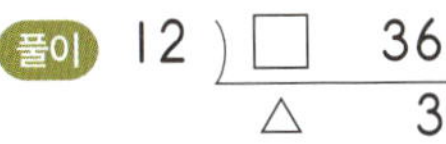 될 수 있는 대로 많이 나누어 줄 수 있는 학생 수는 96, 144, 72의 최대공약수입니다.
96과 144의 최대공약수는 48이고, 48과 72의 최대공약수는 24입니다.
따라서 96, 144, 72의 최대공약수는 24이므로 24명까지 나누어 줄 수 있습니다.

10 전구가 다시 켜질 때까지 걸린 시간은 빨간색 전구 9초, 파란색 전구 12초, 노란색 전구 20초입니다. 3개의 전구가 다음번에 동시에 켜질 때까지 걸리는 시간은 9, 12, 20의 최소공배수입니다.
9와 12의 최소공배수는 36이고, 36과 20의 최소공배수는 180입니다.
따라서 3개의 전구가 다음번에 동시에 켜질 때는 오후 1시에서 180초($=3$분) 후이므로 오후 1시 3분입니다.
[답] 오후 1시 3분

평가 기준	
상	세 전구가 다시 켜질 때까지 걸린 시간을 알고 답을 바르게 구한 경우
중	세 전구가 다시 켜질 때까지 걸린 시간은 알았으나 답을 구하지 못한 경우
하	풀이 과정과 답을 구하지 못한 경우

11 84

풀이
$$12 \overline{)\ \square\ \ 36}$$
$$\overline{\ \ \triangle\ \ \ 3}$$

$\square$와 36의 최소공배수
➡ $12 \times \triangle \times 3 = 252$
$12 \times \triangle \times 3 = 252$, $\triangle = 7$
$\square = 12 \times \triangle$, $\square = 12 \times 7 = 84$

12 1, 2, 4

풀이 (두 수의 곱)$=$(최대공약수)$\times$(최소공배수)이므로 최대공약수를 $\square$라고 하면
$192 = \square \times 48$, $\square = 4$

두 수의 최대공약수는 4이고, 두 수의 공약수는 두 수의 최대공약수의 약수와 같으므로 1, 2, 4입니다.

1 2, 3   **2** 2, 6, 6

3 (예) 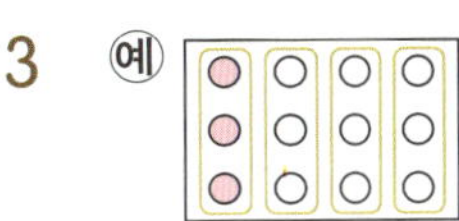
$, \dfrac{1}{4}, \dfrac{3}{12}$

4 (예) 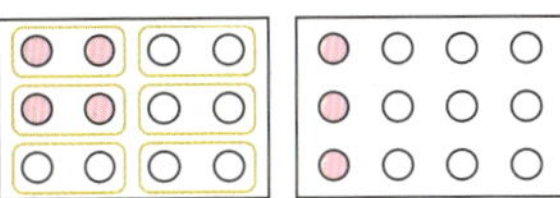 $, \dfrac{2}{5}, \dfrac{4}{10}$

5 (예)  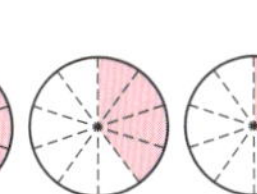 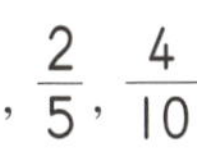
$, \dfrac{3}{7}, \dfrac{6}{14}$

1 (예) 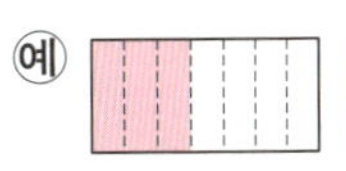 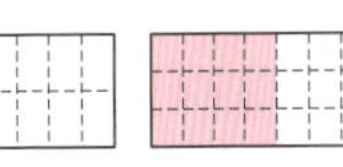
$, 2, 2 / 3, 3 / 4, 4 / 5, 5$

2 (예) 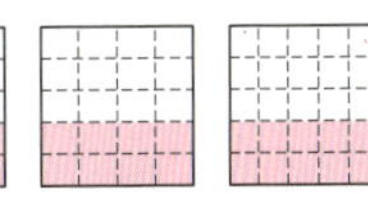
$, 2, 2 / 3, 3$

3 $5, \dfrac{25}{30}$ **4** $3, \dfrac{3}{7}$

5 $\dfrac{6}{9}$ **6** $\dfrac{15}{20}$

7 $4, \dfrac{4}{20}$ **8** 8, 8, 48

9 $\dfrac{2}{10}$ **10** $\dfrac{1}{5}$

11 $7, \dfrac{3}{7}$ **12** 22, 22, 2

13 24   **14** 20

15 5   **16** 5

18a~18b

1 (예) $\dfrac{6}{14}$, $\dfrac{9}{21}$, $\dfrac{12}{28}$

2 (예) $\dfrac{16}{18}$, $\dfrac{24}{27}$, $\dfrac{32}{36}$

3 $\dfrac{8}{12}$, $\dfrac{4}{6}$, $\dfrac{2}{3}$

4 $\dfrac{30}{45}$, $\dfrac{18}{27}$, $\dfrac{10}{15}$, $\dfrac{6}{9}$, $\dfrac{2}{3}$

5 $\dfrac{2}{6}$, $\dfrac{24}{72}$, $\dfrac{1}{3}$에 ○표

6 ㉠, ㉣

풀이 ㉠ $\dfrac{6}{14} = \dfrac{6 \times 6}{14 \times 6} = \dfrac{36}{84}$

㉣ $\dfrac{9}{27} = \dfrac{9 \div 3}{27 \div 3} = \dfrac{3}{9}$

7 $\dfrac{39}{52}$, $\dfrac{42}{56}$ **8** $\dfrac{6}{7}$

9 875

풀이 분모 1000은 8의 125배이므로 분자는 7의 125배입니다.
➡ $7 \times 125 = 875$

19a~19b

1 2, 27 / 3, 12 / 6, 9 / 9, 4 / 18, 18, 3

2 6, 32

3 $\dfrac{8}{24}$ ➡ $\dfrac{8}{24}$ ➡ $\dfrac{8}{24}$ ➡ $\dfrac{8}{24}$ ➡ $\dfrac{1}{3}$

4 $\dfrac{40}{88}$ ➡ $\dfrac{40}{88}$ ➡ $\dfrac{40}{88}$ ➡ $\dfrac{40}{88}$ ➡ $\dfrac{5}{11}$

5 2, 3, 2, 3, 6 / 6, 6, $\dfrac{6}{7}$

풀이
$$\begin{array}{r|rr} 2 & 36 & 42 \\ 3 & 18 & 21 \\ \hline & 6 & 7 \end{array}$$
최대공약수: $2 \times 3 = 6$
➡ $\dfrac{36}{42} = \dfrac{36 \div 6}{42 \div 6} = \dfrac{6}{7}$

6 $\dfrac{11}{49}$, $\dfrac{8}{15}$에 ○표

풀이 $\dfrac{45}{63}$ ➡ $\dfrac{5}{7}$, $\dfrac{5}{10}$ ➡ $\dfrac{1}{2}$, $\dfrac{24}{32}$ ➡ $\dfrac{3}{4}$

20a~20b

1 $\dfrac{6}{14}$, $\dfrac{3}{7}$

2 $\dfrac{10}{20}$, $\dfrac{5}{10}$, $\dfrac{4}{8}$, $\dfrac{2}{4}$, $\dfrac{1}{2}$

3 $\dfrac{16}{28}$, $\dfrac{8}{14}$, $\dfrac{4}{7}$ **4** $\dfrac{2}{5}$

5 $\dfrac{2}{3}$ **6** $\dfrac{3}{4}$

7 $\dfrac{3}{10}$ **8** 8

9 $\dfrac{55}{99}$

풀이 $\dfrac{5}{9} = \dfrac{5 \times 11}{9 \times 11} = \dfrac{55}{99}$ 이므로 분모가 가장 큰 두 자리 수인 분수는 $\dfrac{55}{99}$입니다.

10 $\dfrac{19}{32}$

풀이 민주가 사용한 색종이는 전체의 $\dfrac{76}{128}$이므로 기약분수로 나타내면 $\dfrac{19}{32}$입니다.

11 $\dfrac{1}{15}$, $\dfrac{2}{15}$, $\dfrac{4}{15}$, $\dfrac{7}{15}$, $\dfrac{8}{15}$, $\dfrac{11}{15}$, $\dfrac{13}{15}$, $\dfrac{14}{15}$

21a~21b

1 $3, 8, \dfrac{5}{10}, \dfrac{6}{12}, \dfrac{7}{14}$

$/ 4, 9, \dfrac{8}{12}, \dfrac{10}{15}, \dfrac{12}{18}, \dfrac{14}{21}$

$/ \dfrac{3}{6}, \dfrac{4}{6}, \dfrac{6}{12}, \dfrac{8}{12}, 6, 12$

2 $15, 24, \dfrac{25}{30}, \dfrac{30}{36}, \dfrac{35}{42}, \dfrac{40}{48}$

$/ 6, 24, \dfrac{12}{32}, \dfrac{15}{40}, \dfrac{18}{48}, \dfrac{21}{56}$

$/ \dfrac{20}{24}, \dfrac{9}{24}, \dfrac{40}{48}, \dfrac{18}{48}, 24, 48$

3 $5, 12, 10, 24, 15, 36$

4 $25, 24, 50, 48, 75, 72$

5 $5, 4$

6 $15, 14$

7 $30, 20$

8 $165, 90$

22a~22b

1 (1) $10, \dfrac{10}{60}, 6, \dfrac{18}{60}, \dfrac{10}{60}, \dfrac{18}{60}$

(2) $5, \dfrac{5}{30}, 3, \dfrac{9}{30}, \dfrac{5}{30}, \dfrac{9}{30}$

2 $\dfrac{15}{20}, \dfrac{16}{20}$

3 $\dfrac{15}{21}, \dfrac{14}{21}$

4 $\dfrac{63}{72}, \dfrac{16}{72}$

5 $\dfrac{72}{132}, \dfrac{77}{132}$

6 $\dfrac{2}{8}, \dfrac{3}{8}$

7 $\dfrac{16}{36}, \dfrac{33}{36}$

8 $\dfrac{4}{48}, \dfrac{27}{48}$

9 $\dfrac{28}{72}, \dfrac{39}{72}$

10 $3\dfrac{4}{18}, 4\dfrac{15}{18}$

11 $2\dfrac{16}{60}, 5\dfrac{9}{60}$

12 예 $\dfrac{3}{9}, \dfrac{4}{9}$

13 예 $\dfrac{20}{24}, \dfrac{9}{24}$

14 예 $1\dfrac{49}{70}, 3\dfrac{45}{70}$

15 예 $5\dfrac{9}{12}, 11\dfrac{2}{12}$

23a~23b

1 $36, 72, 108$

2 ㉠, ㉢

3 $9, \dfrac{54}{63}$

풀이 $\left(\dfrac{5}{㉠}, \dfrac{6}{7}\right) \Rightarrow \left(\dfrac{35}{63}, \dfrac{㉢}{㉡}\right)$

두 분수의 공통분모가 63이므로 ㉡=63

$\dfrac{5}{9} = \dfrac{35}{63}$ 이므로 ㉠=9

$\dfrac{6}{7} = \dfrac{54}{63}$ 이므로 ㉢=54

4 $1\dfrac{20}{24}, 1\dfrac{21}{24}$

풀이 공통분모가 가장 작은 수인 경우는 두 분모의 최소공배수가 공통분모일 때입니다. 분모 6과 8의 최소공배수는 24이므로

$\left(1\dfrac{5}{6}, 1\dfrac{7}{8}\right) \Rightarrow \left(1\dfrac{20}{24}, 1\dfrac{21}{24}\right)$

5 ㉡

풀이 ㉠ 분모 5와 20의 최소공배수는 20입니다.

㉡ 분모 8과 14의 최소공배수는 56입니다.

㉢ 분모 18과 27의 최소공배수는 54입니다.

$\Rightarrow$ ㉡ > ㉢ > ㉠

6 $\dfrac{108}{135}, \dfrac{105}{135}$

풀이 분모 5와 9의 최소공배수는 45이므로 공배수는 45, 90, 135, 180, …… 입니다. 따라서 공통분모가 될 수 있는 수 중에서 가장 작은 세 자리 수는 135입니다.

24a~24b

1 (1) $6, 12, \dfrac{10}{15}, \dfrac{12}{18}, \dfrac{14}{21}, \dfrac{16}{24}$

$/ 3, 16, \dfrac{5}{20}, \dfrac{6}{24}, \dfrac{7}{28}, \dfrac{8}{32}$

$/ 15, 24, \dfrac{25}{30}, \dfrac{30}{36}, \dfrac{35}{42}, \dfrac{40}{48}$

$/ \dfrac{8}{12}, \dfrac{3}{12}, \dfrac{10}{12}, \dfrac{16}{24}, \dfrac{6}{24}, \dfrac{20}{24}$

(2) $\dfrac{48}{72}$, $\dfrac{18}{72}$, $\dfrac{60}{72}$　(3) $\dfrac{8}{12}$, $\dfrac{3}{12}$, $\dfrac{10}{12}$

2 15, 18, 5　　　**3** 3, 84, 64

4 $\dfrac{24}{36}$, $\dfrac{16}{36}$, $\dfrac{21}{36}$

5 $1\dfrac{20}{120}$, $2\dfrac{75}{120}$, $3\dfrac{108}{120}$

25a~25b

1 10, 12, $<$　　　**2** 12, 10, $<$

3 15, $\dfrac{14}{24}$, $>$　　**4** 20, 45, $<$

5 $>$　　　**6** $<$

7 $<$　　　**8** $>$

9 (위에서부터) $\dfrac{13}{20}$ / $\dfrac{5}{8}$, $\dfrac{13}{20}$

풀이 $\left(\dfrac{3}{5}, \dfrac{5}{8}\right) \Rightarrow \left(\dfrac{24}{40}, \dfrac{25}{40}\right) \Rightarrow \dfrac{3}{5} < \dfrac{5}{8}$

$\left(\dfrac{13}{20}, \dfrac{16}{25}\right) \Rightarrow \left(\dfrac{65}{100}, \dfrac{64}{100}\right) \Rightarrow \dfrac{13}{20} > \dfrac{16}{25}$

$\left(\dfrac{5}{8}, \dfrac{13}{20}\right) \Rightarrow \left(\dfrac{25}{40}, \dfrac{26}{40}\right) \Rightarrow \dfrac{5}{8} < \dfrac{13}{20}$

26a~26b

1 9, $>$, 8, $>$ / 24, $<$, 35, $<$

/ 27, $<$, 35, $<$ / $\dfrac{4}{15}$, $\dfrac{3}{10}$, $\dfrac{7}{18}$

2 27, 16, 30, 16, 27, 30 / $\dfrac{2}{9}$, $\dfrac{3}{8}$, $\dfrac{5}{12}$

3 $\dfrac{5}{6}$, $\dfrac{4}{5}$, $\dfrac{3}{4}$　　**4** $\dfrac{7}{10}$, $\dfrac{3}{5}$, $\dfrac{5}{9}$

5 $\dfrac{5}{8}$, $\dfrac{7}{12}$, $\dfrac{8}{15}$

6 $\dfrac{7}{8}$에 ○표, $\dfrac{13}{21}$에 △표

27a~27b

1 ㉯ 물통

풀이 $\dfrac{3}{5}$L$=\dfrac{24}{40}$L, $\dfrac{7}{8}$L$=\dfrac{35}{40}$L

$\Rightarrow \dfrac{3}{5} < \dfrac{7}{8}$

따라서 물이 더 많이 들어 있는 물통은 ㉯ 물통입니다.

2 학교

풀이 $4\dfrac{3}{10}$km$=4\dfrac{9}{30}$km

$4\dfrac{8}{15}$km$=4\dfrac{16}{30}$km

$\Rightarrow 4\dfrac{3}{10} < 4\dfrac{8}{15}$

따라서 진영이네 집에서 더 가까운 곳은 학교입니다.

3 15개

풀이 분모 32와 40의 최소공배수 160으로 통분합니다.

$\dfrac{\square}{32}=\dfrac{\square \times 5}{160}$, $\dfrac{19}{40}=\dfrac{76}{160}$ 이므로

$\dfrac{\square \times 5}{160} < \dfrac{76}{160}$ 입니다. 따라서 $\square \times 5 < 76$ 를 만족하는 $\square$ 안에 들어갈 수 있는 자연수는 1, 2, 3, ……, 13, 14, 15로 15개입니다.

4 ㉠, ㉢

풀이 분자를 2배한 수가 분모보다 크면 그 분수는 $\dfrac{1}{2}$ 보다 크고, 작으면 $\dfrac{1}{2}$ 보다 작습니다.

㉠ $\dfrac{4}{7} \Rightarrow 4 \times 2 = 8 > 7 \Rightarrow \dfrac{1}{2} < \dfrac{4}{7}$

[illegible]localized $\dfrac{5}{12} \Rightarrow 5 \times 2 = 10 < 12 \Rightarrow \dfrac{1}{2} > \dfrac{5}{12}$

㉢ $\dfrac{3}{5} \Rightarrow 3 \times 2 = 6 > 5 \Rightarrow \dfrac{1}{2} < \dfrac{3}{5}$

㉣ $\dfrac{11}{30} \Rightarrow 11 \times 2 = 22 < 30 \Rightarrow \dfrac{1}{2} > \dfrac{11}{30}$

따라서 $\dfrac{1}{2}$ 보다 큰 분수는 $\dfrac{4}{7}$, $\dfrac{3}{5}$ 입니다.

5 피아노 연주하기

풀이 $\left(\dfrac{1}{2},\ \dfrac{2}{3},\ \dfrac{3}{5}\right) \Rightarrow \left(\dfrac{15}{30},\ \dfrac{20}{30},\ \dfrac{18}{30}\right)$

$\Rightarrow \dfrac{2}{3} > \dfrac{3}{5} > \dfrac{1}{2}$

6 파란색 리본

풀이 $\left(15\dfrac{7}{12},\ 15\dfrac{9}{16},\ 15\dfrac{11}{20}\right)$

$\Rightarrow \left(15\dfrac{140}{240},\ 15\dfrac{135}{240},\ 15\dfrac{132}{240}\right)$

$\Rightarrow 15\dfrac{7}{12} > 15\dfrac{9}{16} > 15\dfrac{11}{20}$

28a~28b 창의력 학습

a $\dfrac{3}{9}$, 8, 174

풀이 $\dfrac{2}{6}=\dfrac{1}{3}$이므로 $\dfrac{1}{3}=\dfrac{\boxed{5}\,\boxed{}}{\boxed{}\,\boxed{}\,\boxed{}}$이고,

$3\times\boxed{5}\,\boxed{}=\boxed{}\,\boxed{}\,\boxed{}$입니다.

$\dfrac{\boxed{}}{\boxed{}}=\dfrac{1}{3}$일 때, 4, 7, 8, 9로

$3\times\boxed{5}\,\boxed{}=\boxed{}\,\boxed{}\,\boxed{}$를 만족시킬 수 없습니다.

$\dfrac{\boxed{}}{\boxed{}}=\dfrac{3}{9}$일 때, 1, 4, 7, 8로

$3\times\boxed{5}\,\boxed{}=\boxed{}\,\boxed{}\,\boxed{}$를 만족시키는 경우는 $3\times58=174$입니다.

b 혜영

풀이 혜영이의 종이비행기가 하늘에 떠 있던 시간: $1\dfrac{7}{8}$분 $=1\dfrac{105}{120}$분

정환이의 종이비행기가 하늘에 떠 있던 시간: 112초 $=1$분 52초 $=1\dfrac{52}{60}$분 $=1\dfrac{104}{120}$분

$\Rightarrow 1\dfrac{105}{120} > 1\dfrac{104}{120}$

29a~30b 경시대회 예상문제

1 15개

2 $\dfrac{35}{55}$

풀이 기약분수로 나타낸 분수 $\dfrac{7}{11}$의 분모와 분자의 차가 $11-7=4$이므로 약분하기 전 분수의 분모와 분자의 차가 20이 되려면 $\dfrac{7}{11}$의 분모와 분자에 각각 $20\div4=5$를 곱해야 합니다.

$\Rightarrow \dfrac{7}{11}=\dfrac{7\times5}{11\times5}=\dfrac{35}{55}$

3 $\dfrac{25}{49}$

풀이 $\dfrac{5}{9}$를 5로 약분하기 전의 분수는 $\dfrac{5\times5}{9\times5}=\dfrac{25}{45}$이고, 어떤 분수는 $\dfrac{25}{45}$의 분모에서 4를 빼기 전의 분수이므로 $\dfrac{25}{49}$입니다.

4 숫자 카드로 만들 수 있는 진분수는 $\dfrac{2}{3}$, $\dfrac{2}{6}$, $\dfrac{3}{6}$, $\dfrac{2}{8}$, $\dfrac{3}{8}$, $\dfrac{6}{8}$, $\dfrac{2}{9}$, $\dfrac{3}{9}$, $\dfrac{6}{9}$, $\dfrac{8}{9}$이고 이 중에서 기약분수는 $\dfrac{2}{3}$, $\dfrac{3}{8}$, $\dfrac{2}{9}$, $\dfrac{8}{9}$입니다.

[답] $\dfrac{2}{3}$, $\dfrac{3}{8}$, $\dfrac{2}{9}$, $\dfrac{8}{9}$

평가 기준	
상	진분수를 만들고 답을 바르게 구한 경우
중	진분수는 만들었으나 답을 구하지 못한 경우
하	풀이 과정과 답을 구하지 못한 경우

5 $\dfrac{4}{9}$, $\dfrac{8}{13}$

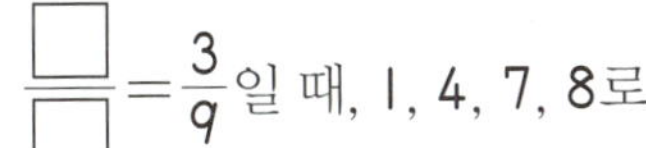

풀이 $\dfrac{52}{117} \Rightarrow \dfrac{52}{117}\ ^{4}_{9} \Rightarrow \dfrac{4}{9}$

$\dfrac{72}{117} \Rightarrow \dfrac{72}{117}\ ^{8}_{13} \Rightarrow \dfrac{8}{13}$

6 $\dfrac{8}{35}, \dfrac{9}{35}$

[풀이] $\dfrac{1}{5} = \dfrac{7}{35}$, $\dfrac{2}{7} = \dfrac{10}{35}$ 이므로 두 분수 사이에 있는 분수 중에서 분모가 35인 분수는 $\dfrac{8}{35}, \dfrac{9}{35}$ 입니다.

7 5개

[풀이] $\dfrac{3}{14} = \dfrac{24}{112}$ 보다 크고 $\dfrac{5}{16} = \dfrac{35}{112}$ 보다 작은 분모가 112인 기약분수는 $\dfrac{25}{112}, \dfrac{27}{112},$ $\dfrac{29}{112}, \dfrac{31}{112}, \dfrac{33}{112}$ 으로 모두 5개입니다.

8 영주

[풀이] $\left(42\dfrac{4}{7}, 42\dfrac{5}{9}\right) \Rightarrow \left(42\dfrac{36}{63}, 42\dfrac{35}{63}\right)$
$\Rightarrow 42\dfrac{4}{7} > 42\dfrac{5}{9}$

9 배추

[풀이] (양파를 심은 부분)$= \dfrac{3}{8} = \dfrac{9}{24}$

(배추를 심은 부분)$= \dfrac{5}{12} = \dfrac{10}{24}$

(감자를 심은 부분)
$=$(전체)$-$(양파를 심은 부분)
$\quad -$(배추를 심은 부분)
$= 1 - \dfrac{9}{24} - \dfrac{10}{24} = \dfrac{5}{24}$

10 43

[풀이] 분자가 같을 때, 분모가 작을수록 큰 수입니다. $\dfrac{4}{7} = \dfrac{24}{42}$, $\dfrac{6}{11} = \dfrac{24}{44}$ 이므로 $\dfrac{24}{42} > \dfrac{24}{\square} > \dfrac{24}{44}$ 입니다. 따라서 $\square$ 안에 들어갈 수 있는 자연수는 43입니다.

11

12 $\left(\dfrac{4}{5}, \dfrac{7}{9}, \dfrac{9}{14}, \dfrac{13}{18}\right)$
$\Rightarrow \left(\dfrac{504}{630}, \dfrac{490}{630}, \dfrac{405}{630}, \dfrac{455}{630}\right)$

$\Rightarrow \dfrac{9}{14} < \dfrac{13}{18} < \dfrac{7}{9} < \dfrac{4}{5}$

[답] $\dfrac{9}{14}, \dfrac{13}{18}, \dfrac{7}{9}, \dfrac{4}{5}$

평가 기준	
상	네 분수의 분모를 통분하여 답을 바르게 구한 경우
중	네 분수의 분모를 통분하였으나 답을 구하지 못한 경우
하	풀이 과정과 답을 구하지 못한 경우

31a~31b

1 5, 4, 9

2 [예] $\dfrac{7}{8}$

3 [예] $1\dfrac{5}{12}$

4 2, 2, 2, 1, 3, 1

5 7, 7, 5, 5, 21, 10, $\dfrac{31}{35}$

6 9, 9, 4, 4, 9, 32, 41, 1, 5

7 5, 5, 4, 4, 25, 28, 53, 1, 13

32a~32b

1 $\dfrac{17}{36}$

[풀이] $\dfrac{1}{4} + \dfrac{2}{9} = \dfrac{9}{36} + \dfrac{8}{36} = \dfrac{17}{36}$

2 $\dfrac{5}{6}$

[풀이] $\dfrac{3}{10} + \dfrac{8}{15} = \dfrac{9}{30} + \dfrac{16}{30} = \dfrac{25}{30} = \dfrac{5}{6}$

3 $1\dfrac{5}{24}$

[풀이] $\dfrac{5}{6} + \dfrac{3}{8} = \dfrac{20}{24} + \dfrac{9}{24} = \dfrac{29}{24} = 1\dfrac{5}{24}$

4 $1\dfrac{13}{35}$

풀이 $\dfrac{4}{7}+\dfrac{4}{5}-\dfrac{20}{35}1\dfrac{28}{35}=\dfrac{48}{35}-1\dfrac{13}{35}$

5 $\dfrac{31}{36}$

풀이 $\dfrac{4}{9}+\dfrac{5}{12}=\dfrac{16}{36}+\dfrac{15}{36}=\dfrac{31}{36}$

6 $\dfrac{7}{8}$, $1\dfrac{29}{56}$

풀이 $\dfrac{3}{4}+\dfrac{1}{8}=\dfrac{6}{8}+\dfrac{1}{8}=\dfrac{7}{8}$

$\dfrac{7}{8}+\dfrac{9}{14}=\dfrac{49}{56}+\dfrac{36}{56}=\dfrac{85}{56}=1\dfrac{29}{56}$

7 $1\dfrac{7}{45}$ m

풀이 (두 사람이 사용한 철사의 길이)
= (연우가 사용한 철사의 길이)
　+ (민정이가 사용한 철사의 길이)
$=\dfrac{3}{5}+\dfrac{5}{9}=\dfrac{27}{45}+\dfrac{25}{45}=\dfrac{52}{45}=1\dfrac{7}{45}$ (m)

---

1 2, 2, 3

2 예 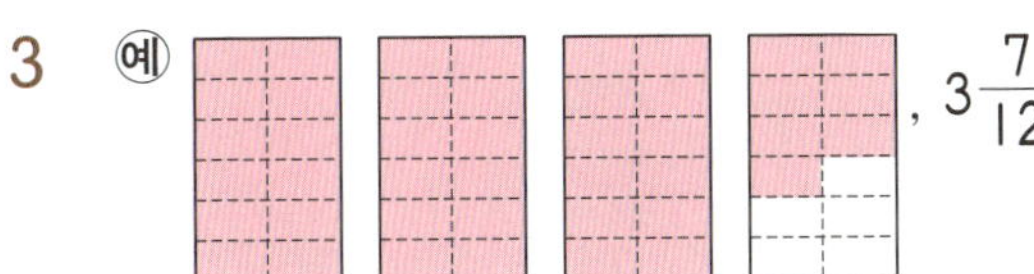

, $3\dfrac{11}{15}$

3 예 , $3\dfrac{7}{12}$

4 3, 2, 3, 2, 2, 5, 2, 5

5 14, 15, 3, 14, 15, 5, 29, 5, 8, 6, 8

6 (1) 3, 5, 4, 6, 3, 4, 5, 6, 7, $\dfrac{11}{20}$, $7\dfrac{11}{20}$

(2) 13, 43, 65, 86, 151, $7\dfrac{11}{20}$

---

1 $3\dfrac{3}{8}$

풀이 $1\dfrac{1}{4}+2\dfrac{1}{8}=1\dfrac{2}{8}+2\dfrac{1}{8}=3\dfrac{3}{8}$

2 $7\dfrac{7}{15}$

풀이 $4\dfrac{2}{3}+2\dfrac{4}{5}=4\dfrac{10}{15}+2\dfrac{12}{15}$

$\qquad=6+\dfrac{22}{15}$

$\qquad=6+1\dfrac{7}{15}=7\dfrac{7}{15}$

3 $7\dfrac{3}{14}$

풀이 $3\dfrac{1}{2}+3\dfrac{5}{7}=3\dfrac{7}{14}+3\dfrac{10}{14}$

$\qquad=6+\dfrac{17}{14}$

$\qquad=6+1\dfrac{3}{14}=7\dfrac{3}{14}$

4 $8\dfrac{2}{15}$

풀이 $2\dfrac{5}{6}+5\dfrac{3}{10}=2\dfrac{25}{30}+5\dfrac{9}{30}$

$\qquad=7+\dfrac{34}{30}=7+1\dfrac{4}{30}$

$\qquad=8\dfrac{4}{30}=8\dfrac{2}{15}$

5 $7\dfrac{13}{18}$

풀이 $5\dfrac{5}{9}+2\dfrac{1}{6}=5\dfrac{10}{18}+2\dfrac{3}{18}=7\dfrac{13}{18}$

6 $12\dfrac{12}{35}$

풀이 $3\dfrac{7}{10}+8\dfrac{9}{14}=3\dfrac{49}{70}+8\dfrac{45}{70}$

$\qquad=11+\dfrac{94}{70}$

$\qquad=11+1\dfrac{24}{70}$

$\qquad=12\dfrac{24}{70}=12\dfrac{12}{35}$

7 ㉠

풀이 ㉠ $3\dfrac{7}{8}+4\dfrac{5}{12}=3\dfrac{21}{24}+4\dfrac{10}{24}$

$=7+\dfrac{31}{24}$

$=7+1\dfrac{7}{24}=8\dfrac{7}{24}$

㉡ $5\dfrac{1}{4}+2\dfrac{5}{6}=5\dfrac{6}{24}+2\dfrac{20}{24}=7+\dfrac{26}{24}$

$=7+1\dfrac{2}{24}=8\dfrac{2}{24}$

➡ ㉠ > ㉡

8 $6\dfrac{1}{10}\text{kg}$

풀이 (주머니에 담은 구슬의 무게)
= (빨간색 구슬의 무게)
  + (파란색 구슬의 무게)
$=3\dfrac{2}{5}+2\dfrac{7}{10}=3\dfrac{4}{10}+2\dfrac{7}{10}=5+\dfrac{11}{10}$
$=5+1\dfrac{1}{10}=6\dfrac{1}{10}\,(\text{kg})$

35a~35b

1 3, 2, 1

2 예 , $\dfrac{7}{15}$

3 예 , $\dfrac{3}{40}$

4 2, 2, 1, 6, 1, $\dfrac{5}{8}$

5 7, 7, 5, 5, 28, 15, $\dfrac{13}{35}$

6 4, 4, 3, 3, 20, 9, $\dfrac{11}{24}$

7 2, 2, 3, 3, 22, 21, $\dfrac{1}{30}$

36a~36b

1 $\dfrac{1}{24}$

풀이 $\dfrac{2}{3}-\dfrac{5}{8}=\dfrac{16}{24}-\dfrac{15}{24}=\dfrac{1}{24}$

2 $\dfrac{7}{12}$

풀이 $\dfrac{3}{4}-\dfrac{1}{6}=\dfrac{9}{12}-\dfrac{2}{12}=\dfrac{7}{12}$

3 $\dfrac{3}{10}$

풀이 $\dfrac{9}{10}-\dfrac{3}{5}=\dfrac{9}{10}-\dfrac{6}{10}=\dfrac{3}{10}$

4 $\dfrac{5}{36}$

풀이 $\dfrac{13}{18}-\dfrac{7}{12}=\dfrac{26}{36}-\dfrac{21}{36}=\dfrac{5}{36}$

5 $\dfrac{8}{45}$

풀이 $\dfrac{11}{15}-\dfrac{5}{9}=\dfrac{33}{45}-\dfrac{25}{45}=\dfrac{8}{45}$

6 $\dfrac{29}{140}\text{L}$

풀이 (남아 있는 물의 양)
= (전체 물의 양) − (사용한 물의 양)
$=\dfrac{17}{20}-\dfrac{9}{14}=\dfrac{119}{140}-\dfrac{90}{140}=\dfrac{29}{140}\,(\text{L})$

7 $\dfrac{4}{35}$

풀이 $\dfrac{5}{7}=\dfrac{75}{105}$, $\dfrac{2}{3}=\dfrac{70}{105}$, $\dfrac{3}{5}=\dfrac{63}{105}$

이므로 가장 큰 분수는 $\dfrac{5}{7}$이고,

가장 작은 분수는 $\dfrac{3}{5}$ 입니다.

➡ $\dfrac{5}{7}-\dfrac{3}{5}=\dfrac{25}{35}-\dfrac{21}{35}=\dfrac{4}{35}$

37a~37b

1 2, 5, 1, 2, 1, 3

2 예 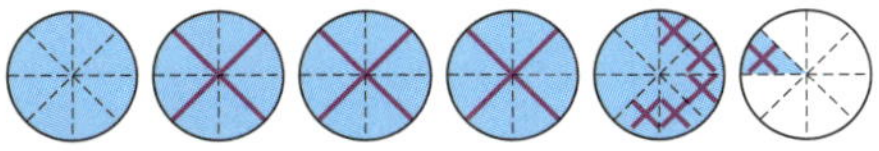
, 1, 6, 1, 3

3 예 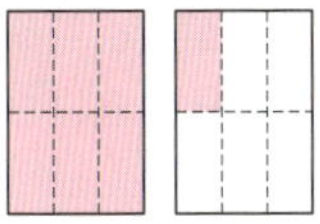, $1\frac{1}{6}$

4 예 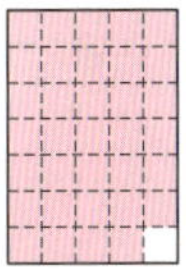, $\frac{34}{35}$

5 예 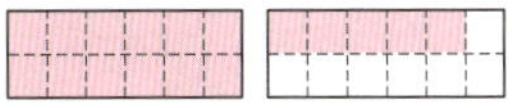, $1\frac{5}{12}$

38a~38b

1 30, 14, 30, 14, 3, 16, 3, 16

2 35, 12, 3, 35, 12, 5, 23, 5, 23

3 (1) 18, 25, 48, 25, 3, 1, 48, 25, 2, $\frac{23}{30}$, $2\frac{23}{30}$

(2) 11, 138, 55, $\frac{83}{30}$, $2\frac{23}{30}$

4 $1\frac{7}{12}$

풀이 $2\frac{3}{4}-1\frac{1}{6}=2\frac{9}{12}-1\frac{2}{12}=1\frac{7}{12}$

5 $3\frac{4}{15}$

풀이 $4\frac{2}{3}-1\frac{2}{5}=4\frac{10}{15}-1\frac{6}{15}=3\frac{4}{15}$

6 $1\frac{11}{18}$

풀이 $7\frac{1}{6}-5\frac{5}{9}=7\frac{3}{18}-5\frac{10}{18}$
$=6\frac{21}{18}-5\frac{10}{18}=1\frac{11}{18}$

7 $2\frac{43}{60}$

풀이 $6\frac{3}{10}-3\frac{7}{12}=6\frac{18}{60}-3\frac{35}{60}$
$=5\frac{78}{60}-3\frac{35}{60}=2\frac{43}{60}$

39a~39b

1 (위에서부터) $5\frac{11}{24}$ / $4\frac{19}{30}$ / $1\frac{14}{15}$, $1\frac{13}{120}$

풀이 $9\frac{5}{6}-4\frac{3}{8}=9\frac{20}{24}-4\frac{9}{24}=5\frac{11}{24}$

$7\frac{9}{10}-3\frac{4}{15}=7\frac{27}{30}-3\frac{8}{30}=4\frac{19}{30}$

$9\frac{5}{6}-7\frac{9}{10}=9\frac{25}{30}-7\frac{27}{30}$
$=8\frac{55}{30}-7\frac{27}{30}=1\frac{28}{30}=1\frac{14}{15}$

$4\frac{3}{8}-3\frac{4}{15}=4\frac{45}{120}-3\frac{32}{120}=1\frac{13}{120}$

2 $3\frac{15}{28}$

풀이 $\square=9\frac{2}{7}-5\frac{3}{4}=9\frac{8}{28}-5\frac{21}{28}$
$=8\frac{36}{28}-5\frac{21}{28}=3\frac{15}{28}$

3 $7\frac{3}{5}$cm

풀이 $15\frac{4}{10}>7\frac{4}{5}$이므로

$15\frac{4}{10}-7\frac{4}{5}=15\frac{4}{10}-7\frac{8}{10}$
$=14\frac{14}{10}-7\frac{8}{10}$
$=7\frac{6}{10}=7\frac{3}{5}$(cm)

4 $4\frac{5}{12}$L

풀이 (남은 포도 주스의 양)
=(전체 포도 주스의 양)
−(마신 포도 주스의 양)
$=5\frac{3}{4}-1\frac{1}{3}=5\frac{9}{12}-1\frac{4}{12}=4\frac{5}{12}$(L)

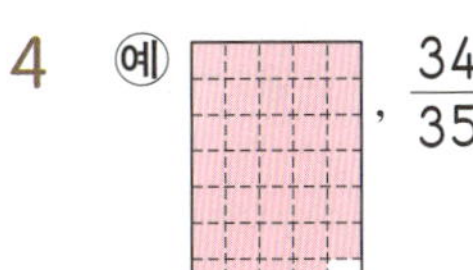

5 $1\dfrac{11}{30}$ 시간

풀이 $3\dfrac{1}{5}-1\dfrac{5}{6}=3\dfrac{6}{30}-1\dfrac{25}{30}$

$\qquad\qquad =2\dfrac{36}{30}-1\dfrac{25}{30}$

$\qquad\qquad =1\dfrac{11}{30}$ (시간)

따라서 훈이는 운동을 공부보다 $1\dfrac{11}{30}$ 시간

더 하였습니다.

6 $1\dfrac{19}{20}$ kg

풀이 (강아지의 무게)

$=40\dfrac{1}{4}-38\dfrac{3}{10}=40\dfrac{5}{20}-38\dfrac{6}{20}$

$=39\dfrac{25}{20}-38\dfrac{6}{20}=1\dfrac{19}{20}$ (kg)

40a~40b

1 (1) 17, 17, 20, 37, 1, 13
   (2) 8, 9, 20, 37, 1, 13

2 (1) 22, 22, 15, 7 (2) 27, 5, 15, 7

3 (1) 27, 54, 35, 19 (2) 40, 14, 35, 19

4 (1) 17, 17, 28, 45, 1, 5, 1, 8
   (2) 32, 15, 28, 45, 1, 5, 1, 8

41a~41b

1 $1\dfrac{4}{5}+\dfrac{7}{8}+1\dfrac{5}{6}=\left(1\dfrac{32}{40}+\dfrac{35}{40}\right)+1\dfrac{5}{6}$

$\qquad\qquad =1\dfrac{67}{40}+1\dfrac{5}{6}$

$\qquad\qquad =1\dfrac{201}{120}+1\dfrac{100}{120}$

$\qquad\qquad =2\dfrac{301}{120}=4\dfrac{61}{120}$

2 $4\dfrac{2}{3}-1\dfrac{1}{10}-2\dfrac{3}{4}=\left(4\dfrac{20}{30}-1\dfrac{3}{30}\right)-2\dfrac{3}{4}$

$\qquad\qquad =3\dfrac{17}{30}-2\dfrac{3}{4}$

$\qquad\qquad =3\dfrac{34}{60}-2\dfrac{45}{60}$

$\qquad\qquad =2\dfrac{94}{60}-2\dfrac{45}{60}$

$\qquad\qquad =\dfrac{49}{60}$

3 $3\dfrac{1}{2}+5\dfrac{3}{4}-2\dfrac{7}{8}=3\dfrac{4}{8}+5\dfrac{6}{8}-2\dfrac{7}{8}$

$\qquad\qquad =6\dfrac{3}{8}$

4 $4\dfrac{5}{6}-1\dfrac{1}{5}-2\dfrac{8}{15}=4\dfrac{25}{30}-1\dfrac{6}{30}-2\dfrac{16}{30}$

$\qquad\qquad =1\dfrac{3}{30}=1\dfrac{1}{10}$

5 $1\dfrac{7}{20}$

풀이 $\dfrac{4}{5}+\dfrac{1}{4}+\dfrac{3}{10}=\dfrac{16}{20}+\dfrac{5}{20}+\dfrac{6}{20}$

$\qquad\qquad =\dfrac{27}{20}=1\dfrac{7}{20}$

6 $1\dfrac{21}{40}$

풀이 $\dfrac{7}{8}-\dfrac{3}{20}+\dfrac{4}{5}=\dfrac{35}{40}-\dfrac{6}{40}+\dfrac{32}{40}$

$\qquad\qquad =\dfrac{61}{40}=1\dfrac{21}{40}$

7 $5\dfrac{1}{4}$

풀이 $5\dfrac{3}{4}+\dfrac{1}{6}-\dfrac{2}{3}=5\dfrac{9}{12}+\dfrac{2}{12}-\dfrac{8}{12}$

$\qquad\qquad =5\dfrac{3}{12}=5\dfrac{1}{4}$

8 $2\dfrac{3}{20}$

풀이 $10\dfrac{9}{10}-3\dfrac{5}{6}-4\dfrac{11}{12}$

$=10\dfrac{54}{60}-3\dfrac{50}{60}-4\dfrac{55}{60}$

$=2\dfrac{9}{60}=2\dfrac{3}{20}$

42a~42b

1 $1\dfrac{1}{20}$

풀이 $\square = \dfrac{3}{20} + \dfrac{1}{2} + \dfrac{2}{5}$

$= \dfrac{3}{20} + \dfrac{10}{20} + \dfrac{8}{20} = \dfrac{21}{20} = 1\dfrac{1}{20}$

2 $\dfrac{31}{120}$

풀이 $\dfrac{1}{8} + \dfrac{5}{6} - \dfrac{7}{10}$

$= \dfrac{15}{120} + \dfrac{100}{120} - \dfrac{84}{120} = \dfrac{31}{120}$

3 $>$

풀이 $\dfrac{1}{2} - \dfrac{3}{7} + \dfrac{4}{5} = \dfrac{35}{70} - \dfrac{30}{70} + \dfrac{56}{70} = \dfrac{61}{70}$

$\dfrac{2}{3} + \dfrac{9}{10} - \dfrac{7}{9} = \dfrac{60}{90} + \dfrac{81}{90} - \dfrac{70}{90} = \dfrac{71}{90}$

$\dfrac{61}{70} = \dfrac{549}{630}$, $\dfrac{71}{90} = \dfrac{497}{630}$ 이므로 $\dfrac{61}{70} > \dfrac{71}{90}$

4 (1) $2\dfrac{7}{120}$ kg (2) $2\dfrac{1}{60}$ kg

풀이 (1) (🔵 + 🔴 + 🟢)

$= \dfrac{9}{10} + \dfrac{5}{8} + \dfrac{8}{15}$

$= \dfrac{108}{120} + \dfrac{75}{120} + \dfrac{64}{120}$

$= \dfrac{247}{120} = 2\dfrac{7}{120}$ (kg)

(2) (🔵 + 🟢 + 🟡) $= \dfrac{9}{10} + \dfrac{8}{15} + \dfrac{7}{12}$

$= \dfrac{54}{60} + \dfrac{32}{60} + \dfrac{35}{60}$

$= \dfrac{121}{60} = 2\dfrac{1}{60}$ (kg)

5 $\dfrac{3}{4}$ km

풀이 (집~슈퍼마켓~학교) − (집~학교)

$= \dfrac{1}{4} + 2\dfrac{2}{3} - 2\dfrac{1}{6} = \dfrac{3}{12} + 2\dfrac{8}{12} - 2\dfrac{2}{12}$

$= \dfrac{9}{12} = \dfrac{3}{4}$ (km)

6 $2\dfrac{25}{36}$ m

풀이 (남아 있는 리본의 길이)

$=$ (전체 리본의 길이)

$\quad -$ (사용한 리본의 길이)

$\quad -$ (동생에게 준 리본의 길이)

$= 8\dfrac{5}{6} - 5\dfrac{1}{4} - \dfrac{8}{9} = 8\dfrac{30}{36} - 5\dfrac{9}{36} - \dfrac{32}{36}$

$= 2\dfrac{25}{36}$ (m)

43a~43b 창의력 학습

a 4월, $9\dfrac{3}{20}$ kg

풀이 (3월에 모은 폐휴지의 양)

$= 4\dfrac{1}{2} + 4\dfrac{1}{3} = 4\dfrac{3}{6} + 4\dfrac{2}{6} = 8\dfrac{5}{6}$ (kg)

(4월에 모은 폐휴지의 양)

$= 5\dfrac{2}{5} + 3\dfrac{3}{4} = 5\dfrac{8}{20} + 3\dfrac{15}{20} = 9\dfrac{3}{20}$ (kg)

(5월에 모은 폐휴지의 양)

$= 2\dfrac{2}{3} + 5\dfrac{3}{4} = 2\dfrac{8}{12} + 5\dfrac{9}{12} = 8\dfrac{5}{12}$ (kg)

따라서 폐휴지를 가장 많이 모은 달은 4월이고, 이때 모은 폐휴지는 $9\dfrac{3}{20}$ kg입니다.

b 공원, $\dfrac{7}{45}$ km

풀이 (영수네 집~공원~병원)

$= 1\dfrac{1}{5} + 3\dfrac{4}{9} = 1\dfrac{9}{45} + 3\dfrac{20}{45} = 4\dfrac{29}{45}$ (km)

(영수네 집~슈퍼마켓~우체국~병원)

$= \dfrac{5}{6} + 1\dfrac{3}{10} + 2\dfrac{2}{3} = \dfrac{25}{30} + 1\dfrac{9}{30} + 2\dfrac{20}{30}$

$= 4\dfrac{24}{30} = 4\dfrac{4}{5}$ (km)

$4\dfrac{4}{5} = 4\dfrac{36}{45}$ 이므로 $4\dfrac{29}{45} < 4\dfrac{36}{45}$ 이고,

$4\dfrac{36}{45} - 4\dfrac{29}{45} = \dfrac{7}{45}$ 입니다.

따라서 영수네 집에서 공원을 거쳐 병원까지 가는 길이 영수네 집에서 슈퍼마켓과 우체국을 거쳐 병원까지 가는 길보다 $\dfrac{7}{45}$ km 더 가깝습니다.

44a~45b　경시대회 예상문제

1　$1\dfrac{23}{40}$

[풀이]　$\square=3\dfrac{3}{8}-1\dfrac{4}{5}=3\dfrac{15}{40}-1\dfrac{32}{40}=1\dfrac{23}{40}$

2　$1\dfrac{29}{45}$

[풀이]　$\square=1\dfrac{79}{90}+\dfrac{3}{5}-\dfrac{5}{6}$

$=1\dfrac{79}{90}+\dfrac{54}{90}-\dfrac{75}{90}$

$=1\dfrac{58}{90}=1\dfrac{29}{45}$

3　$16\dfrac{7}{60}$ km

[풀이]　(동물원~미술관)

$=$(집~동물원)$+$(집~미술관)

$=9\dfrac{7}{12}+6\dfrac{8}{15}=9\dfrac{35}{60}+6\dfrac{32}{60}$

$=16\dfrac{7}{60}$ (km)

4　$16\dfrac{1}{35}$

[풀이]　$10\dfrac{5}{7}-$(어떤 수)$=5\dfrac{2}{5}$이므로

(어떤 수)$=10\dfrac{5}{7}-5\dfrac{2}{5}=10\dfrac{25}{35}-5\dfrac{14}{35}$

$=5\dfrac{11}{35}$

바르게 계산하면

$10\dfrac{5}{7}+5\dfrac{11}{35}=10\dfrac{25}{35}+5\dfrac{11}{35}=16\dfrac{1}{35}$

5　$84\dfrac{4}{15}$ kg

[풀이]　(동생의 몸무게)

$=$(형의 몸무게)$-6\dfrac{8}{15}=45\dfrac{2}{5}-6\dfrac{8}{15}$

$=45\dfrac{6}{15}-6\dfrac{8}{15}=38\dfrac{13}{15}$ (kg)

(형과 동생의 몸무게의 합)

$=45\dfrac{2}{5}+38\dfrac{13}{15}=45\dfrac{6}{15}+38\dfrac{13}{15}$

$=84\dfrac{4}{15}$ (kg)

6　(가~나~다~라)

$=$(가~다)$+$(나~라)$-$(나~다)

$=8\dfrac{1}{3}+6\dfrac{3}{4}-\dfrac{7}{8}=8\dfrac{8}{24}+6\dfrac{18}{24}-\dfrac{21}{24}$

$=14\dfrac{5}{24}$ (m)

[답] $14\dfrac{5}{24}$ m

평가 기준	
상	식을 바르게 세우고 답을 바르게 구한 경우
중	식을 바르게 세웠거나 답을 구하지 못한 경우
하	풀이 과정과 답을 구하지 못한 경우

7　$1\dfrac{1}{4}$ L

[풀이]　(마시고 남은 주스의 양)

$=1\dfrac{3}{4}-\dfrac{2}{3}=1\dfrac{9}{12}-\dfrac{8}{12}=1\dfrac{1}{12}$ (L)

(마시고 남은 우유의 양)

$=\dfrac{5}{6}-\dfrac{2}{3}=\dfrac{5}{6}-\dfrac{4}{6}=\dfrac{1}{6}$ (L)

➡ $1\dfrac{1}{12}+\dfrac{1}{6}=1\dfrac{1}{12}+\dfrac{2}{12}=1\dfrac{3}{12}=1\dfrac{1}{4}$ (L)

8　$4\dfrac{7}{20}$ 시간

[풀이]　(만들기 숙제를 한 시간)

$=$(국어 숙제를 한 시간)$+1\dfrac{1}{4}$

$=\dfrac{4}{5}+1\dfrac{1}{4}=\dfrac{16}{20}+1\dfrac{5}{20}=2\dfrac{1}{20}$ (시간)

(성진이가 오늘 숙제를 한 시간)

$=\dfrac{4}{5}+1\dfrac{1}{2}+2\dfrac{1}{20}=\dfrac{16}{20}+1\dfrac{10}{20}+2\dfrac{1}{20}$

$=4\dfrac{7}{20}$ (시간)

9　$\dfrac{4}{45}$

[풀이]　(파와 배추를 심은 부분)

$=\dfrac{4}{9}+\dfrac{7}{15}=\dfrac{20}{45}+\dfrac{21}{45}=\dfrac{41}{45}$

농장 전체를 1이라고 하면

(아무것도 심지 않은 부분)$=1-\dfrac{41}{45}=\dfrac{4}{45}$

10 $\dfrac{1}{3}$kg

풀이 (굴 전체의 $\dfrac{1}{4}$의 무게)

$=5-3\dfrac{5}{6}=4\dfrac{6}{6}-3\dfrac{5}{6}=1\dfrac{1}{6}$(kg)

(굴 전체의 무게)

$=1\dfrac{1}{6}+1\dfrac{1}{6}+1\dfrac{1}{6}+1\dfrac{1}{6}=4\dfrac{4}{6}=4\dfrac{2}{3}$(kg)

(빈 상자의 무게)$=5-4\dfrac{2}{3}=4\dfrac{3}{3}-4\dfrac{2}{3}$

$=\dfrac{1}{3}$(kg)

11 $\dfrac{9}{14}-\dfrac{1}{6}-\dfrac{1}{3}=\dfrac{27}{42}-\dfrac{7}{42}-\dfrac{14}{42}$

$=\dfrac{6}{42}=\dfrac{1}{7}$

$\dfrac{1}{7}<\dfrac{1}{\Box}<1$이므로 $\Box$ 안에 들어갈 수 있는 자연수는 2, 3, 4, 5, 6입니다.

➡ $2+3+4+5+6=20$

[답] 20

평가 기준	
상	$\dfrac{9}{14}-\dfrac{1}{6}-\dfrac{1}{3}$을 계산하고 답을 바르게 구한 경우
중	$\dfrac{9}{14}-\dfrac{1}{6}-\dfrac{1}{3}$을 계산했으나 답을 구하지 못한 경우
하	풀이 과정과 답을 구하지 못한 경우

12 오후 12시 10분

풀이 1시간은 60분이므로 10분은 $\dfrac{1}{6}$시간입니다. 1교시 수업이 시작하는 시간부터 4교시 수업이 끝나는 시간까지 수업 시간은 4번이고, 쉬는 시간은 3번입니다.

(수업 시간의 합)+(쉬는 시간의 합)

$=(\dfrac{2}{3}+\dfrac{2}{3}+\dfrac{2}{3}+\dfrac{2}{3})+(\dfrac{1}{6}+\dfrac{1}{6}+\dfrac{1}{6})$

$=\dfrac{8}{3}+\dfrac{3}{6}=\dfrac{16}{6}+\dfrac{3}{6}=\dfrac{19}{6}=3\dfrac{1}{6}$(시간)

$3\dfrac{1}{6}$시간은 3시간 10분이므로 4교시 수업이 끝난 시각은 오전 9시부터 3시간 10분

이 지난 시각인 오후 12시 10분입니다.

13 $4\dfrac{2}{7}$, $2\dfrac{6}{35}$

풀이 두 수 중에서 큰 수를 $\Box$라고 하면 작은 수는 $\Box-2\dfrac{4}{35}$입니다.

(두 수의 합)$=\Box+\Box-2\dfrac{4}{35}=6\dfrac{16}{35}$

$\Box+\Box=6\dfrac{16}{35}+2\dfrac{4}{35}=8\dfrac{20}{35}=8\dfrac{4}{7}$

$4\dfrac{2}{7}+4\dfrac{2}{7}=8\dfrac{4}{7}$이므로 $\Box=4\dfrac{2}{7}$입니다.

(작은 수)$=\Box-2\dfrac{4}{35}=4\dfrac{2}{7}-2\dfrac{4}{35}$

$=4\dfrac{10}{35}-2\dfrac{4}{35}=2\dfrac{6}{35}$

따라서 큰 수는 $4\dfrac{2}{7}$, 작은 수는 $2\dfrac{6}{35}$입니다.

46a~49b

1 15에 ○표   **2** 50

3 7, 14, 21, 28, 35

4 96   **5** 57, 59, 61, 63

6 (1) 108 (2) 짝수   **7** 114, 438

8 3가지   **9** 4, 48에 ○표

10 ㉢

풀이 큰 수를 작은 수로 나누었을 때 나누어떨어지면 두 수는 약수와 배수의 관계입니다.

11 1, 2, 4 / 4   **12** 18

13 8   **14** 1, 2, 7, 14

15 135, 270, 405

풀이 15의 배수도 되고 27의 배수도 되는 수는 15와 27의 공배수입니다.

16 2, 2, 3 / 144

17 ㉠, ㉢, ㉡

[풀이] ㉠ 27과 36의 최소공배수: 108
㉡ 20과 80의 최소공배수: 80
㉢ 34와 51의 최소공배수: 102
➡ ㉠ > ㉢ > ㉡

18 18, 108　　**19** 32, 192

20 64

[풀이]
$$16\overline{)48}\quad(\text{어떤 수})$$
$$3\qquad\blacklozenge$$

48과 어떤 수의 최소공배수:
$16 \times 3 \times \blacklozenge = 192$, $\blacklozenge = 192 \div 48 = 4$
➡ (어떤 수) $= 16 \times \blacklozenge$
$ = 16 \times 4$
$ = 64$

21 15

[풀이] 30의 약수는 1, 2, 3, 5, 6, 10, 15,
30이고, 이 중 홀수는 1, 3, 5, 15입니다.
따라서 가장 높은 자리의 숫자가 1인 두 자
리 수는 15입니다.

22 28

[풀이] 28의 약수: 1, 2, 4, 7, 14, 28
➡ 1 + 2 + 4 + 7 + 14 + 28 = 56

23 1, 2, 4, 8

[풀이] 48과 56을 어떤 수로 나누면 나누
어떨어지므로 어떤 수는 48과 56의 공약
수입니다.
48과 56의 최대공약수는 8이므로 어떤
수는 8의 약수인 1, 2, 4, 8입니다.

24 151

[풀이] (어떤 수) − 7은 16과 36으로 나누
면 나누어떨어지므로 (어떤 수) − 7은 16
과 36의 공배수입니다.
16과 36의 최소공배수는 144이고 어떤
수는 16과 36의 공배수보다 7 큰 수 중에
서 가장 작은 수이므로 151입니다.

25 (1) 12명 (2) 3자루 (3) 7권

[풀이] 연필 3타는 36자루이므로 될 수 있
는대로 가장 많은 학생들에게 남김없이 똑
같이 나누어 줄 수 있는 학생 수는 36과
84의 최대공약수입니다.

$$2\overline{)36\quad84}$$
$$2\overline{)18\quad42}$$
$$3\overline{)9\quad21}$$
$$3\qquad7$$

최대공약수 ➡ $2 \times 2 \times 3 = 12$
따라서 12명의 학생들에게 연필은 3자루,
공책은 7권 나누어 줄 수 있습니다.

26 60cm, 20장

[풀이] 가장 작은 정사각형의 한 변의 길이
는 12와 15의 최소공배수입니다.
$$3\overline{)12\quad15}$$
$$4\qquad5$$

최소공배수 ➡ $3 \times 4 \times 5 = 60$
따라서 가장 작은 정사각형의 한 변은
60cm이고 가로에는 5장, 세로에는 4장을
이어 붙이면 되므로 필요한 도화지는
$5 \times 4 = 20$(장)입니다.

50a~53b

1 예
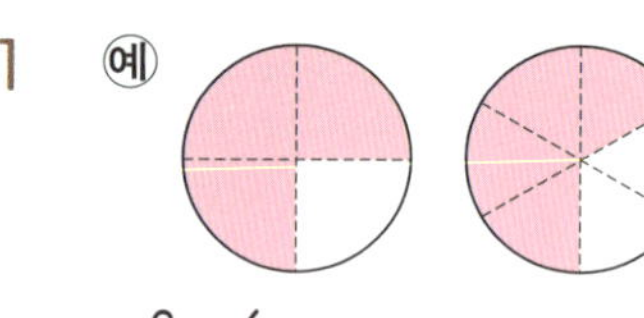
, $\dfrac{3}{4}$, $\dfrac{6}{8}$에 ○표

2 5, $\dfrac{10}{35}$　　　**3** 6, $\dfrac{8}{10}$

4 36, 26, 9　　**5** $\dfrac{4}{6}$, $\dfrac{6}{9}$에 ○표

6 $\dfrac{9}{15}$, $\dfrac{12}{20}$, $\dfrac{15}{25}$, $\dfrac{18}{30}$

7 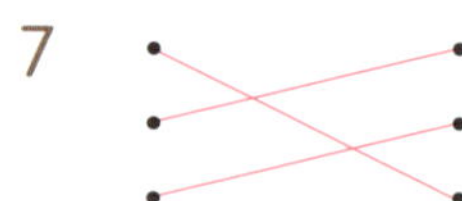

8 8, 15　　　**9** ㉠, $\dfrac{1}{4}$

10 $\dfrac{1}{12}$, $\dfrac{5}{12}$, $\dfrac{7}{12}$, $\dfrac{11}{12}$

11 $\dfrac{35}{56}$, $\dfrac{36}{56}$　　**12** $\dfrac{33}{48}$, $\dfrac{30}{48}$

13 18　　　**14** <

15 $=$

16 $\dfrac{13}{20}, \dfrac{5}{9}, \dfrac{8}{15}$

> 풀이 $\dfrac{5}{9}=\dfrac{100}{180}, \dfrac{8}{15}=\dfrac{96}{180}, \dfrac{13}{20}=\dfrac{117}{180}$
>
> ➡ $\dfrac{13}{20}>\dfrac{5}{9}>\dfrac{8}{15}$

17 (위에서부터) $\dfrac{7}{15}, \dfrac{10}{21}, \dfrac{7}{10}, \dfrac{13}{18}$
$/ \dfrac{7}{15}, \dfrac{7}{10} / \dfrac{7}{15}$

18 ㄹ

> 풀이 ㉠ $\dfrac{4}{5}=\dfrac{56}{70}$ ㉡ $\dfrac{6}{7}=\dfrac{60}{70}$
>
> ㉢ $\dfrac{9}{10}=\dfrac{63}{70}$ ㉣ $\dfrac{33}{35}=\dfrac{66}{70}$
>
> ➡ ㉣>㉢>㉡>㉠

19 진호네 집

> 풀이 $\dfrac{17}{20}=\dfrac{51}{60}, \dfrac{23}{30}=\dfrac{46}{60}$ ➡ $\dfrac{17}{20}>\dfrac{23}{30}$
>
> 따라서 진호네 집이 학교에서 더 멉니다.

20 $\dfrac{10}{24}, \dfrac{11}{24}, \dfrac{12}{24}, \dfrac{13}{24}$

21 $\dfrac{4}{5}, \dfrac{5}{6}$

> 풀이 $\dfrac{24}{30}=\dfrac{24\div 6}{30\div 6}=\dfrac{4}{5},$
>
> $\dfrac{25}{30}=\dfrac{25\div 5}{30\div 5}=\dfrac{5}{6}$

22 $\dfrac{9}{15}$

> 풀이 $\dfrac{3}{5}=\dfrac{6}{10}=\dfrac{9}{15}=\dfrac{12}{20}=\dfrac{15}{25}=\cdots\cdots$
>
> 이 중에서 분모와 분자의 차가 6인 분수는
> $\dfrac{9}{15}$ 입니다.

23 ㄹ

> 풀이 $\dfrac{5}{12}=\dfrac{10}{24}$
>
> ㉠ $\dfrac{1}{2}=\dfrac{12}{24}$ ㉡ $\dfrac{2}{3}=\dfrac{16}{24}$
>
> ㉢ $\dfrac{5}{8}=\dfrac{15}{24}$ ㉣ $\dfrac{9}{24}$

24 6, 7, 8

> 풀이 $\dfrac{4}{7}<\dfrac{\square}{9}<1$ ➡ $\dfrac{36}{63}<\dfrac{\square\times 7}{63}<\dfrac{63}{63}$
>
> $36<\square\times 7<63$ 를 만족하는 $\square$ 는 6, 7, 8
> 입니다.

25 나

> 풀이 가: $1\dfrac{2}{9}\text{L}=1\dfrac{20}{90}\text{L}$
>
> 나: $1\dfrac{7}{15}\text{L}=1\dfrac{42}{90}\text{L}$
>
> 다: $1\dfrac{3}{10}\text{L}=1\dfrac{27}{90}\text{L}$
>
> ➡ 나>다>가

26 5개

> 풀이 $\dfrac{1}{3}<\dfrac{\square}{30}<\dfrac{4}{5}$ ➡ $\dfrac{10}{30}<\dfrac{\square}{30}<\dfrac{24}{30}$
>
> $\dfrac{\square}{30}$ 는 $\dfrac{11}{30}, \dfrac{12}{30}, \dfrac{13}{30}, \dfrac{14}{30}, \dfrac{15}{30}, \dfrac{16}{30}, \dfrac{17}{30},$
> $\dfrac{18}{30}, \dfrac{19}{30}, \dfrac{20}{30}, \dfrac{21}{30}, \dfrac{22}{30}, \dfrac{23}{30}$ 이고 이 중
> 에서 기약분수는 $\dfrac{11}{30}, \dfrac{13}{30}, \dfrac{17}{30}, \dfrac{19}{30}, \dfrac{23}{30}$
> 으로 5개입니다.

54a~57b

1 5, 6, 11

2 2, 2, 3, 3, 10, 21, $1\dfrac{7}{24}$

3 ㉡

> 풀이 ㉠ $\dfrac{1}{5}+\dfrac{4}{7}=\dfrac{7}{35}+\dfrac{20}{35}=\dfrac{27}{35}$
>
> ㉡ $\dfrac{7}{8}+\dfrac{1}{6}=\dfrac{21}{24}+\dfrac{4}{24}=\dfrac{25}{24}=1\dfrac{1}{24}$
>
> ㉢ $\dfrac{7}{12}+\dfrac{5}{18}=\dfrac{21}{36}+\dfrac{10}{36}=\dfrac{31}{36}$

4 $5\dfrac{3}{4}+1\dfrac{5}{6}=5\dfrac{9}{12}+1\dfrac{10}{12}=6+\dfrac{19}{12}=7\dfrac{7}{12}$

5 $3\frac{31}{40}$, $7\frac{1}{56}$ **6** $2\frac{13}{21}$ L

7 $\frac{11}{24}$ **8** $\frac{13}{20}$

9 $\frac{5}{36}$

풀이 $\left(\frac{7}{12},\ \frac{4}{9}\right) \Rightarrow \left(\frac{21}{36},\ \frac{16}{36}\right) \Rightarrow \frac{7}{12} > \frac{4}{9}$

$\left(\frac{4}{9},\ \frac{8}{15}\right) \Rightarrow \left(\frac{20}{45},\ \frac{24}{45}\right) \Rightarrow \frac{4}{9} < \frac{8}{15}$

$\left(\frac{7}{12},\ \frac{8}{15}\right) \Rightarrow \left(\frac{35}{60},\ \frac{32}{60}\right) \Rightarrow \frac{7}{12} > \frac{8}{15}$

따라서 $\frac{7}{12} > \frac{8}{15} > \frac{4}{9}$ 이므로

$\frac{7}{12} - \frac{4}{9} = \frac{21}{36} - \frac{16}{36} = \frac{5}{36}$ 입니다.

10 빨간색 리본, $\frac{5}{63}$m

풀이 $\frac{6}{7} = \frac{54}{63}$, $\frac{7}{9} = \frac{49}{63} \Rightarrow \frac{6}{7} > \frac{7}{9}$

따라서 빨간색 리본이

$\frac{6}{7} - \frac{7}{9} = \frac{54}{63} - \frac{49}{63} = \frac{5}{63}$(m) 더 깁니다.

11

12 $3\frac{19}{30}$

풀이 $\square = 9\frac{8}{15} - 5\frac{9}{10} = 9\frac{16}{30} - 5\frac{27}{30}$

$= 8\frac{46}{30} - 5\frac{27}{30} = 3\frac{19}{30}$

13 $10\frac{5}{42}$, $4\frac{5}{6}$

풀이 합: $7\frac{10}{21} + 2\frac{9}{14} = 7\frac{20}{42} + 2\frac{27}{42}$

$= 10\frac{5}{42}$

차: $7\frac{10}{21} - 2\frac{9}{14} = 7\frac{20}{42} - 2\frac{27}{42}$

$= 4\frac{35}{42} = 4\frac{5}{6}$

14 $1\frac{53}{56}$

풀이 ㉠ $2\frac{5}{8} + 3\frac{1}{7} = 2\frac{35}{56} + 3\frac{8}{56} = 5\frac{43}{56}$

㉡ $1\frac{5}{14} + 2\frac{13}{28} = 1\frac{10}{28} + 2\frac{13}{28} = 3\frac{23}{28}$

㉠ $-$ ㉡ $= 5\frac{43}{56} - 3\frac{23}{28} = 5\frac{43}{56} - 3\frac{46}{56}$

$= 1\frac{53}{56}$

15 $1\frac{5}{24}$

풀이 $\frac{7}{8} + \frac{5}{6} - \frac{1}{2} = \frac{21}{24} + \frac{20}{24} - \frac{12}{24}$

$= \frac{29}{24} = 1\frac{5}{24}$

16 ㉡, ㉢, ㉠

풀이 ㉠ $\frac{7}{8} + \frac{5}{9} + \frac{11}{12} = \frac{63}{72} + \frac{40}{72} + \frac{66}{72}$

$= \frac{169}{72} = 2\frac{25}{72}$

㉡ $3\frac{1}{2} - 1\frac{2}{5} + \frac{5}{6} = 3\frac{15}{30} - 1\frac{12}{30} + \frac{25}{30}$

$= 2\frac{28}{30} = 2\frac{14}{15}$

㉢ $6\frac{7}{10} - 2\frac{5}{6} - 1\frac{4}{15}$

$= 6\frac{21}{30} - 2\frac{25}{30} - 1\frac{8}{30} = 2\frac{18}{30} = 2\frac{3}{5}$

$2\frac{25}{72} = 2\frac{125}{360}$, $2\frac{14}{15} = 2\frac{336}{360}$, $2\frac{3}{5} = 2\frac{216}{360}$

이므로 $2\frac{14}{15} > 2\frac{3}{5} > 2\frac{25}{72}$ 입니다.

$\Rightarrow$ ㉡ $>$ ㉢ $>$ ㉠

17 $\frac{4}{9}$

풀이 $\square = \frac{5}{8} + \frac{7}{12} - \frac{55}{72}$

$= \frac{45}{72} + \frac{42}{72} - \frac{55}{72}$

$= \frac{32}{72} = \frac{4}{9}$

18 $\dfrac{13}{30}\,\text{kg}$

풀이 (남은 밀가루의 양)

$= 1\dfrac{19}{24} - \dfrac{11}{15} - \dfrac{5}{8}$

$= 1\dfrac{95}{120} - \dfrac{88}{120} - \dfrac{75}{120}$

$= \dfrac{52}{120} = \dfrac{13}{30}\,(\text{kg})$

19 $17\dfrac{14}{15}\,\text{cm}$

풀이 (삼각형의 둘레)

$= 8\dfrac{4}{5} + 3\dfrac{5}{6} + 5\dfrac{3}{10}$

$= 8\dfrac{24}{30} + 3\dfrac{25}{30} + 5\dfrac{9}{30}$

$= 17\dfrac{28}{30} = 17\dfrac{14}{15}\,(\text{cm})$

20 $1\dfrac{7}{24}$

풀이 (어떤 수)$+ 2\dfrac{1}{6} = 5\dfrac{5}{8}$

(어떤 수)$= 5\dfrac{5}{8} - 2\dfrac{1}{6} = 5\dfrac{15}{24} - 2\dfrac{4}{24}$

$= 3\dfrac{11}{24}$

바르게 계산하면

$3\dfrac{11}{24} - 2\dfrac{1}{6} = 3\dfrac{11}{24} - 2\dfrac{4}{24} = 1\dfrac{7}{24}$

21 $1,\ 2,\ 3,\ 4,\ 5,\ 6,\ 7$

풀이 $\dfrac{4}{7} + \dfrac{\square}{10} < 1\dfrac{5}{14}$,

$\dfrac{40}{70} + \dfrac{\square \times 7}{70} < 1\dfrac{25}{70}$

$40 + \square \times 7 < 95$를 만족하는 자연수 $\square$는
$1,\ 2,\ 3,\ 4,\ 5,\ 6,\ 7$입니다.

22 $9\dfrac{1}{12}$ 시간

풀이 (내려올 때 걸린 시간)

$= 4\dfrac{7}{8} - \dfrac{2}{3} = 4\dfrac{21}{24} - \dfrac{16}{24} = 4\dfrac{5}{24}\,(\text{시간})$

(가인이가 등산하는 데 걸린 시간)

$= 4\dfrac{7}{8} + 4\dfrac{5}{24} = 4\dfrac{21}{24} + 4\dfrac{5}{24}$

$= 9\dfrac{2}{24} = 9\dfrac{1}{12}\,(\text{시간})$

23 $\dfrac{7}{24}$

풀이 전체 동화책을 1이라고 하면

$1 - \dfrac{3}{8} - \dfrac{1}{3} = \dfrac{24}{24} - \dfrac{9}{24} - \dfrac{8}{24} = \dfrac{7}{24}$

따라서 진우가 동화책을 다 읽으려면 전체
의 $\dfrac{7}{24}$을 더 읽어야 합니다.

24 8일

풀이 형이 하루에 일하는 일의 양: $\dfrac{1}{6}$

동생이 하루에 일하는 일의 양: $\dfrac{1}{12}$

형과 동생이 하루씩 교대로 2일 동안 일한

일의 양: $\dfrac{1}{6} + \dfrac{1}{12} = \dfrac{2}{12} + \dfrac{1}{12} = \dfrac{3}{12} = \dfrac{1}{4}$

전체 일의 양은 1이고 $\dfrac{1}{4} + \dfrac{1}{4} + \dfrac{1}{4} + \dfrac{1}{4} = 1$

이므로 일을 모두 마치는 데 8일이 걸리겠
습니다.

25 9cm

풀이 색 테이프 4장을 이어 붙였으므로
겹친 부분은 3군데입니다.
(이어 붙인 전체 색 테이프의 길이)
$=$(색 테이프 4장의 길이)$-$(겹친 길이)

$= \left(2\dfrac{3}{4} + 2\dfrac{3}{4} + 2\dfrac{3}{4} + 2\dfrac{3}{4}\right) - \left(\dfrac{2}{3} + \dfrac{2}{3} + \dfrac{2}{3}\right)$

$= 11 - 2 = 9\,(\text{cm})$

58a~58b 창의력 학습

a 9분 후

풀이 36과 60의 최소공배수는 180이므
로 톱니 수가 180개 돈 후에 처음으로 다
시 만나게 됩니다.

④ 톱니바퀴는 $180 \div 60 = 3$(바퀴) 돌아야 하고, 1바퀴 회전하는 데 3분이 걸리므로 $3 \times 3 = 9$(분) 걸립니다.
따라서 두 톱니바퀴가 처음으로 다시 만나려면 9분 후가 되어야 합니다.

b $5\frac{7}{9}$, $8\frac{4}{15}$, $4\frac{11}{12}$ (또는 $8\frac{4}{15}$, $5\frac{7}{9}$, $4\frac{11}{12}$)
/ $9\frac{23}{180}$

풀이 계산 결과가 가장 크려면 큰 두 분수를 더한 다음 가장 작은 분수를 빼면 됩니다.
$8\frac{4}{15} > 5\frac{7}{9} > 4\frac{11}{12}$ 이므로
$8\frac{4}{15} + 5\frac{7}{9} - 4\frac{11}{12}$
$= 8\frac{48}{180} + 5\frac{140}{180} - 4\frac{165}{180} = 9\frac{23}{180}$

59a~60b　경시대회 예상문제

1　14, 15

풀이 곱이 210이 되는 두 수는 210의 약수입니다.
210의 약수: 1, 2, 3, 5, 6, 7, 10, 14, 15, 21, 30, 35, 42, 70, 105, 210
➡ $14 \times 15 = 210$

2　6의 배수는 3의 배수이면서 짝수인 수입니다. 각 자리 숫자를 모두 더하면 $1+4+5+\square = 10+\square$이고 $10+\square$는 3의 배수이면서 짝수이어야 하므로 $\square$ 안에 알맞은 자연수는 2, 8입니다.
[답] 2, 8

평가 기준	
상	6의 배수가 3의 배수이면서 짝수인 수임을 알고 답을 바르게 구한 경우
중	6의 배수가 3의 배수이면서 짝수인 수임을 알고 있으나 답을 구하지 못한 경우
하	풀이 과정과 답을 구하지 못한 경우

3　2개

4　오전 9시 30분

풀이 두 버스가 다음번에 동시에 출발할 때까지 걸린 시간은 15와 20의 최소공배수입니다.
$$5\,)\underline{\;15\quad 20\;}$$
$$\quad\;\;3\quad\;\;4$$
최소공배수 ➡ $5 \times 3 \times 4 = 60$
따라서 두 버스가 다음번에 동시에 출발하는 시각은 60분 후인 오전 9시 30분입니다.

5　5번

풀이 전구가 다시 켜질 때까지 걸리는 시간은 빨간색 6분, 파란색 8분, 노란색 12분입니다. 6, 8, 12의 최소공배수를 구하면 24이므로 세 전구는 24분마다 동시에 켜집니다. 따라서 세 전구는 오후 1시 48분, 2시 12분, 2시 36분, 3시, 3시 24분에 동시에 켜지므로 5번입니다.

6　(1) $\frac{2}{5}$　(2) $\frac{8}{9}$

풀이 (1) $\frac{40}{100} = \frac{20}{50} = \frac{10}{25} = \frac{8}{20} = \frac{4}{10}$
$= \frac{2}{5}$

(2) 1보다 작은 진분수는 $\frac{2}{5}$, $\frac{2}{8}$, $\frac{5}{8}$, $\frac{2}{9}$, $\frac{5}{9}$, $\frac{8}{9}$이고 이 중에서 가장 큰 진분수는 $\frac{8}{9}$입니다.

7　$3\frac{5}{9}$, $3\frac{2}{3}$에 ○표

풀이 분자를 2배한 수가 분모보다 크면 $\frac{1}{2}$보다 큰 수입니다.
$3\frac{5}{9}$ ➡ $5 \times 2 = 10 > 9$ ➡ $3\frac{5}{9} > 3\frac{1}{2}$
$3\frac{2}{3}$ ➡ $2 \times 2 = 4 > 3$ ➡ $3\frac{2}{3} > 3\frac{1}{2}$
$3\frac{3}{7}$ ➡ $3 \times 2 = 6 < 7$ ➡ $3\frac{3}{7} < 3\frac{1}{2}$
$3\frac{12}{25}$ ➡ $12 \times 2 = 24 < 25$ ➡ $3\frac{12}{25} < 3\frac{1}{2}$

8　7

풀이　$\dfrac{2}{10} < \dfrac{\square}{30} < \dfrac{1}{4}$

➡ $\dfrac{12}{60} < \dfrac{\square \times 2}{60} < \dfrac{15}{60}$

$12 < \square \times 2 < 15$를 만족하는 $\square$는 7입니다.

9　$\dfrac{22}{30}$

풀이　$\dfrac{4}{5} = \dfrac{8}{10} = \dfrac{12}{15} = \dfrac{16}{20} = \dfrac{20}{25} = \dfrac{24}{30}$

$= \dfrac{28}{35} = \cdots\cdots$ 이므로 분자에 2를 더하기 전

의 분수는 $\dfrac{2}{5}$, $\dfrac{6}{10}$, $\dfrac{10}{15}$, $\dfrac{14}{20}$, $\dfrac{18}{25}$, $\dfrac{22}{30}$,

$\dfrac{26}{35}$, $\cdots\cdots$ 입니다.

이 중에서 분모와 분자에 모두 2를 더한

후 약분하면 $\dfrac{3}{4}$이 되는 분수는 $\dfrac{22}{30}$입니다.

10　$1\dfrac{1}{20}$, $\dfrac{9}{20}$

풀이　$\dfrac{1}{3} = \dfrac{120}{360}$, $\dfrac{3}{4} = \dfrac{270}{360}$, $\dfrac{2}{5} = \dfrac{144}{360}$,

$\dfrac{5}{8} = \dfrac{225}{360}$, $\dfrac{3}{10} = \dfrac{108}{360}$, $\dfrac{11}{18} = \dfrac{220}{360}$

➡ $\dfrac{3}{4} > \dfrac{5}{8} > \dfrac{11}{18} > \dfrac{2}{5} > \dfrac{1}{3} > \dfrac{3}{10}$

합: $\dfrac{3}{4} + \dfrac{3}{10} = \dfrac{15}{20} + \dfrac{6}{20} = \dfrac{21}{20} = 1\dfrac{1}{20}$

차: $\dfrac{3}{4} - \dfrac{3}{10} = \dfrac{15}{20} - \dfrac{6}{20} = \dfrac{9}{20}$

11　$1\dfrac{3}{4}\,\mathrm{kg}$

풀이　(과일 전체의 $\dfrac{1}{2}$의 무게)

$= 14\dfrac{5}{8} - 8\dfrac{3}{16} = 14\dfrac{10}{16} - 8\dfrac{3}{16}$

$= 6\dfrac{7}{16}\,(\mathrm{kg})$

(과일 전체의 무게)$= 6\dfrac{7}{16} + 6\dfrac{7}{16}$

$= 12\dfrac{14}{16} = 12\dfrac{7}{8}\,(\mathrm{kg})$

(빈 상자의 무게)$= 14\dfrac{5}{8} - 12\dfrac{7}{8}$

$= 1\dfrac{6}{8} = 1\dfrac{3}{4}\,(\mathrm{kg})$

12　$\blacksquare = 6\dfrac{1}{9} - 4\dfrac{8}{15} = 6\dfrac{5}{45} - 4\dfrac{24}{45} = 1\dfrac{26}{45}$

$\blacktriangle = \blacksquare + 3\dfrac{5}{6} = 1\dfrac{26}{45} + 3\dfrac{5}{6}$

$= 1\dfrac{52}{90} + 3\dfrac{75}{90} = 5\dfrac{37}{90}$

$\bigstar = \blacksquare + \blacktriangle = 1\dfrac{26}{45} + 5\dfrac{37}{90} = 1\dfrac{52}{90} + 5\dfrac{37}{90}$

$= 6\dfrac{89}{90}$

[답] $6\dfrac{89}{90}$

평가 기준	
상	$\blacksquare$, $\blacktriangle$의 값을 구하고 답을 바르게 구한 경우
중	$\blacksquare$, $\blacktriangle$의 값은 구하였으나 답은 구하지 못한 경우
하	풀이 과정과 답을 구하지 못한 경우

11 성취도 테스트

1　15

2　ㄷ

풀이　ㄱ 32의 약수: 1, 2, 4, 8, 16, 32
➡ 6개

ㄴ 16의 약수: 1, 2, 4, 8, 16 ➡ 5개

ㄷ 40의 약수: 1, 2, 4, 5, 8, 10, 20, 40
➡ 8개

ㄹ 35의 약수: 1, 5, 7, 35 ➡ 4개

3　756　　　　　**4**　16, 192

5　4개　　　　　**6**　32명

7　120

풀이　다른 수를 $\square$라고 하면

$24\,)\,\overline{72\quad\ \square}$
$\quad\ \ \overline{\ 3\quad\ \triangle}$

72와 □의 최소공배수가 360이므로
$24 \times 3 \times \triangle = 360$, $\triangle = 5$입니다.
따라서 다른 한 수는 $24 \times 5 = 120$입니다.

8 $\dfrac{5}{16}$

9 (1) $\dfrac{5}{7}$　(2) $\dfrac{2}{3}$

10 $\dfrac{9}{14}$, $\dfrac{16}{21}$

11 (1) $<$　(2) $>$

12 $\dfrac{7}{20}$, $\dfrac{9}{20}$, $\dfrac{11}{20}$, $\dfrac{13}{20}$

풀이 $\dfrac{1}{4} = \dfrac{5}{20}$, $\dfrac{4}{5} = \dfrac{16}{20}$이므로 두 분수

사이에 있는 분모가 20인 기약분수는 $\dfrac{7}{20}$,

$\dfrac{9}{20}$, $\dfrac{11}{20}$, $\dfrac{13}{20}$입니다.

13 서점, 학교, 문구점, 슈퍼마켓

풀이 $\dfrac{11}{12} = \dfrac{165}{180}$, $\dfrac{7}{9} = \dfrac{140}{180}$,

$\dfrac{8}{15} = \dfrac{96}{180}$, $\dfrac{5}{6} = \dfrac{150}{180}$

➡ $\dfrac{11}{12} > \dfrac{5}{6} > \dfrac{7}{9} > \dfrac{8}{15}$

14 6개

풀이 $\dfrac{3}{5} < \dfrac{\square}{30} < \dfrac{5}{6}$ ➡ $\dfrac{18}{30} < \dfrac{\square}{30} < \dfrac{25}{30}$

□ 안에 들어갈 수 있는 자연수는 19, 20, 21, 22, 23, 24로 모두 6개입니다.

15 $1\dfrac{13}{40}$, $4\dfrac{21}{40}$

16 (1) $\dfrac{7}{30}$　(2) $2\dfrac{29}{36}$

17 콜라, $\dfrac{1}{60}$L

풀이 $\dfrac{7}{15} = \dfrac{28}{60}$, $\dfrac{9}{20} = \dfrac{27}{60}$이므로

$\dfrac{7}{15} > \dfrac{9}{20}$입니다. 따라서 콜라가

$\dfrac{7}{15} - \dfrac{9}{20} = \dfrac{28}{60} - \dfrac{27}{60} = \dfrac{1}{60}$(L)
더 많이 있습니다.

18 $\dfrac{7}{12}$

풀이 $\dfrac{5}{6} + \square + \dfrac{9}{20} = 1\dfrac{13}{15}$,

$\square = 1\dfrac{13}{15} - \dfrac{9}{20} - \dfrac{5}{6}$

$= 1\dfrac{52}{60} - \dfrac{27}{60} - \dfrac{50}{60}$

$= \dfrac{35}{60} = \dfrac{7}{12}$

19 $46\dfrac{2}{15}$ kg

풀이 $43\dfrac{3}{5} + 1\dfrac{5}{6} + \dfrac{7}{10}$

$= 43\dfrac{18}{30} + 1\dfrac{25}{30} + \dfrac{21}{30}$

$= 46\dfrac{4}{30} = 46\dfrac{2}{15}$ (kg)

20 5일

풀이 수학 문제집 전체를 1이라고 하면
남은 수학 문제집은 전체의

$1 - \dfrac{2}{9} - \dfrac{8}{21} = \dfrac{63}{63} - \dfrac{14}{63} - \dfrac{24}{63} = \dfrac{25}{63}$

입니다. 따라서 수학 문제집을 하루에 전

체의 $\dfrac{5}{63}$씩 풀면

$\dfrac{5}{63} + \dfrac{5}{63} + \dfrac{5}{63} + \dfrac{5}{63} + \dfrac{5}{63} = \dfrac{25}{63}$

이므로 5일이 걸리겠습니다.